U0323386

巴蜀造物

碉

精『碉』细琢

藏羌碉楼营造技艺

刘波　蔡威　张秋银——著

四川人民出版社

目 录 ▼

壹 碉往今来：碉楼概览

肆　碉源流长：藏羌碉楼的价值与保护传承

壹

碉往今来：碉楼概览

　　什么是碉楼？根据《新华字典》的解释，防守用的建筑物谓之"碉"，两层以上的房屋谓之"楼"。"碉楼"合称，则指集防卫、居住及其他多种功能于一体的多层塔楼式建筑。

一、碉楼的空间分布

碉楼这种建筑形式，在世界各地都有分布。西欧很多教堂的西立面，常有砖石结构的钟塔，既能显示时间，又能召唤信徒，在战争时期还可用于瞭望。意大利的锡耶纳

贝伦塔①

---

① 陈琳汾：《里斯本大航海时代的记忆——贝伦塔和热罗尼莫斯修道院》，《海洋世界》2016年第10期。

城建有不少石砌高层塔楼；东欧格鲁吉亚外高加索山区曼克顿一带，也有数量可观的石碉。

贝伦塔始建于16世纪初期，作为葡萄牙大航海时代的历史见证，曾作为军用堡垒，后随着历史的推进，又被用于海关、电报站、灯塔等，现在则成为博物馆。1983年贝伦塔入选世界文化遗产名录，是世界旅游名胜地。

在伊朗、塔吉克斯坦和阿富汗等地及世界上其他地方也能看到造型及用材各异的碉楼。

那么中国的碉楼呢？

在中国，从北方到南方，从东部到西部，都能或多或少地看到碉楼的身影，碉楼是中国分布较为广泛的一种建筑。

比如2007年入选世界文化遗产名录的广东开平碉楼，就是中国碉楼艺术的一张名片。据资料显示，广东开平市的田园之间最多时有3000多座碉楼，现存还有1833座。开平碉楼由当地华侨投资建成，最初因防匪防洪的需求而兴建，后来一度成为一种攀比炫耀的工具。开平碉楼每座均兼有中西风格，是中外文化在中国传统乡村交流的历史见证，也是我国的旅游名胜之一。

回顾历史，两汉时期，为抗击匈奴入侵，北方边疆广布长城，与长城配套的就有土碉、石碉等军事设施；明清两代，为了维持在湖南省西部、贵州省北部苗族地区的

广东开平碉楼·余淑芳摄

封建统治秩序，统治者下令在湘西的吉首、凤凰、花垣以及贵州省的铜仁等地修建了大量的军事设施，在湘西称为碉、堡，在黔北称为"边墙"（又称为"南方长城"）。此外，在赣南、湖北、福建等地也有碉楼分布。可见，碉楼存在于中国不同历史时期的不同地域。

不过，当把全国的碉楼分布地图拿来细看，会发现现存中国碉楼分布最多的地域还是在西南地区。从地理单元上看，碉楼的分布主要集中在青藏高原腹心地区的雅鲁藏布江河谷地区以及青藏高原东缘即横断山脉高山峡谷地区。这里从西到东有怒江、澜沧江、金沙江、雅砻江、大渡河、岷江六条南北向的大江大河，形成人群流动的河谷通道，如历史上藏缅语族的藏语支、彝语支、羌语支各民族就在这里南来北往，学术界称之为"藏羌彝走廊"。由于江河之间都有高山相隔，崇山峻岭形成了巨大的地理屏障，交通不便，文化交流缓慢。但也正因为此，很多古老的人类文化遗迹和文化形态得以保留，古碉楼也较其他地方保存得更多。

从行政区划来看，碉楼主要分布在四川、西藏、云南三省。

根据相关调查统计，西藏自治区内碉楼建筑分布的主要区域是青藏高原腹心的林芝地区、山南地区及日喀则地区。其中山南地区碉楼为多，林芝地区的碉楼类型独特、形制优美，日喀则地区现存碉楼建筑数量较少。云南省内碉楼建筑数量较少，主要分布在滇西北怒江傈僳族自治州的兰坪白族普米族自治县，迪庆藏族自治州的维西傈僳族自治县和德钦县。

四川省的碉楼遗存则最为密集，数量也最多，主要分布在甘孜藏族自治州、阿坝藏族羌族自治州和凉山彝族自治州。其东部起点，今可见的在阿坝藏族羌族自治州境内，以岷江为界。自岷江以西多碉楼，而且愈西则碉楼建筑愈多，到甘孜藏族自治州境内的丹巴县，则碉楼成群。其南部至康定、九龙、得荣，西部至道孚、新龙、理塘、巴塘、白玉，北部至甘孜、德格，农区、牧区都有。这其中又尤以甘孜州丹巴县、康定市的新都桥，阿坝州以汶川、理县、茂县三县最为集中。

被遗忘山间的丹巴县碉楼与民居·李永安摄

以上的地理范围大致在北纬26度—32度，东经85度—104度的区域之内。

可以说，在中国的西南，以藏羌文化区为中心，存在着一条从岷江上游流域蜿蜒到雅鲁藏布江中游的高碉文化带，堪称是一条蜿蜒盘旋在整个横断山区与青藏高原地区的"西南长城"①。这一"西南长城"的核心地带，主要是四川西北部的"两江一河"（岷江、雅砻江，大渡河）上

① 参见李绍明编著：《羌族历史问题》，阿坝州地方志编纂委员会，1998年版，第126页。

大渡河旁的丹巴县巴旺乡远眺·冯顺杰摄

游流域地区，包括大小金川流域，是历史上我国藏、羌地区碉楼建筑极为发达的地区之一，碉楼又是这些地区藏、羌等民族最主要的民间建筑形式。

藏学家任乃强先生说嘉绒藏族先民"用乱石叠砌石墙、高碉和庄房，在亚洲各民族中，要算得创造最早技术最巧的。这种碉房的分布地带，从岷江河谷起向西一直通过整个康藏高原，到尼泊尔、北印度，直到西部亚洲都是。拉萨的碉房，据藏族人自己记载的史书说，是第七世纪才有的，迟于冉駹国的邛笼在800年左右。可知其是由冉駹传去的"[①]。这说明了碉楼的源头可以追溯到川西北高原地区。民族学家马长寿先生也认为"中国之碉，仿之四

① 李绍明编著：《羌族历史问题》，阿坝州地方编纂委员会、阿坝州史志学会编印，1998年。

川，四川之碉，仿之嘉绒"。其他现有相关文献也记载，四川是中国最早兴建碉楼的地方。由此，四川境内密布的碉楼可以说是考察中国碉楼不可多得的样板之一。

林间耸立的丹巴碉楼·李永安摄

二、碉楼的历史嬗变

早在西汉时期（公元前206年—公元25年），著名文学家扬雄的《蜀都赋》中，就有了"蜀侯尚丛""邛笼石栖"的记载，说古蜀国的国君是住在"邛笼"中的。"邛笼"是迄今汉文史籍中对碉楼最早的称呼。那么碉楼这种建筑始于何时呢？

（一）碉楼营造的起源

当我们在"两江一河"流域做田野调查，问及当地民众碉楼最早建于何时、由谁建造时，他们回答只能根据传说，表明他们知道的碉楼，有的有几百年历史，有的有上千年历史。但最早起源于何时，由谁建造，他们也不知道。

考察碉楼在藏羌人民生活的地方的历史沿革和演进过程，不禁使我们联想起先秦乃至秦汉时期在中华大地普遍存在的高台建筑。高台在传说中的黄帝时代就已开始筑造，秦汉时鼎盛，隋唐以后逐渐消失。

　　我们从考古发现的汉墓明器上能看到一些汉代高台的建筑形式。它的造型比较复杂，但基本形制是四角，左侧主楼大致呈梯形，右侧呈倒梯形，每层皆有开孔。藏羌

东汉时期的七层连阁彩绘陶仓楼①

① 　主楼通高192厘米、面阔168厘米（连附楼），1993年焦作市白庄6号墓出土。参见河南博物院编：《河南出土汉代建筑明器》，大象出版社2002年版，第23页。

遗世独立的丹巴碉楼·李永安摄

碉楼也以四角为主，基本呈梯形，每层有开孔。二者之间有一定相似性。这种相似可能来自相同的动因：一是高台位置较高，可以起到一定的防潮作用；二是高台建筑视野宽阔，便于通风、瞭望与防御；三可能是蕴含了先民对天的崇拜。古人不能解释自然山川的种种现象，因此对浩渺迷茫的天空充满神秘的幻想与向往，对高大的东西特别崇拜，站得高能更加接近天空，与天对话。这曾是各民族广泛存在的信仰心理。

近年的考古发现将华夏高台建筑产生的时间推到旧石器时代。

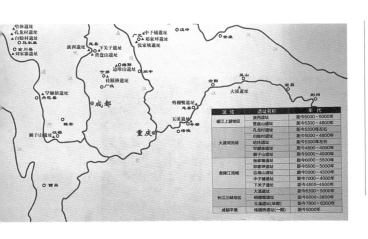

岷江上游地区、大渡河流域新石器中晚期文化遗存分布图①

---

① 蔡威摄于成都市博物馆。

精「碉」细琢

——藏羌碉楼营造技艺

那么碉楼起源于何时呢？

在田野调查中，我们在碉楼密集的岷江上游地区和大渡河流域也看到了新石器时代遗址。

比如大渡河上游的丹巴县中路乡，这里不仅发现了石棺葬墓地，还发现大量石砌房屋基址。这一考古遗址被命名为"罕额依新石器时代文化遗址"。考古工作者在遗址中发现了7座长方形房屋基址，墙体用石块砌成，内壁抹有黄色黏土，房屋基址中发现多处含料姜石的黄土硬面，结构紧密，推测应为经过处理的房屋居住面。可见当时此地的人们已掌握了较高的以石砌墙的技术。这一考古发现，说明距今4800年到4000年前，川西高原就有了较为完整的石砌建筑。

丹巴县中路乡新石器时代文化遗址石棺墓葬群·刘波摄

丹巴县中路乡罕额依新石器时代文化遗址（1）·刘波摄

丹巴县中路乡罕额依新石器时代文化遗址（2）·刘波摄

考古工作者指出，丹巴中路乡石砌碉楼、石棺墓葬与古遗址之间关系密切，三者存在着一脉相承的关系。可能石砌房屋在前，它是石砌碉楼的母体，在石砌房屋的基础上又产生了碉楼、石棺墓。

也就是说，碉楼可能起源于史前时代的石砌居住形式。时间上虽没有华夏高台那样早，但也有近4000年的历史，可见石砌技术起源也是很早的。

那么是哪些人群修建了石室、石棺葬、石碉呢？与华夏高台建筑的人群有无关联？

（二）建碉民族溯源

学界对碉楼的最初族属起源有多种说法。一说是南下的羌人最早修建碉楼；一说是吐蕃东扩时藏人到达大渡河、岷江流域，为满足作战和生活所需修建的碉房；一说是原居宁夏的党项羌被破国后南下藏羌彝走廊带来的防御工事（尤其是八角碉的修筑）；一说是川东的賨、庸人最早修建碉楼。还有其他说法，都各有依据。

近年来不少学者主张土著说。比如杨嘉铭先生依据丹巴中路乡罕额依新石器时代文化遗址的考古发掘，推测古碉楼文化的创建者可能是"中路人"，他们属于冉駹部族系统。也可能"中路人"原本就是一个居于大渡河上游的

原始土著先民群体，后来又融入了西迁而来的冉駹部族。

徐学书先生认为，古碉楼是西汉中期岷江上游的原住民冉駹夷，为抵御在西汉王朝军事压迫下由北方大规模南下的羌人的军事进攻而发明修筑的。

他们都提到"冉駹夷"。史书上最早载录修建碉楼的具体人群时确实提到了"冉駹夷"，《后汉书·南蛮西南夷列传》中记述岷江上游"冉駹夷"部落风俗时，说"冉駹者，皆依山居止，累石为室，高者至十余丈，为邛笼"。《后汉书》中说，成于"后汉"指的是东汉，说明至少在东汉时期，冉駹地区已有碉楼存在，冉駹人是修建碉楼的人群。根据岷江上游各地的方志记载，松潘、茂县、汶川等都是冉駹故地。这些地方也是现存碉楼较多的地方。

关于石棺葬，扬雄所著《蜀王本纪》有"蚕丛始居岷山石室中"的记载，《蜀都赋》中也有"王基既夷，蜀侯尚丛，邛笼石栖，岷岑倚丛"之言。"尚"即开明尚，"丛"即蚕丛。蚕丛是古蜀国的第一代国君，古蜀国历经蚕丛、柏灌、鱼凫、杜宇、开明等几代蜀王，直到公元前316年被秦国所灭并入中原前，都是独立文明，创造过灿烂文化。根据《史记》记载，蜀王蚕丛是黄帝后裔。《华阳国志·蜀志》也说："黄帝，为其子昌意娶蜀山氏之女，生子高阳是为帝喾；封其子庶于蜀，世为侯伯。历夏、商、周，武王伐纣，蜀与焉。"可见，第一代蜀王蚕丛是黄帝一系的血脉，与华夏族同源共祖。从第一代蜀王蚕丛受封于帝喾起，整个王朝经历了约相当于中原虞的时代（约当公元前22世纪）和夏、商、周三代①。而蚕丛部落起源于四川西北部已为世所公认。这说明迟至相当于中原的周代，蚕丛氏已居于石室中，他们已经掌握了较高的石砌技术。

蚕丛氏部族的风俗是"生居石室、死葬石棺"，形象是"纵目"，即后来三星堆蜀人的嫡系祖先。这些人的

---

① 李茂、李忠俊：《嘉绒藏族民俗志》，中央民族大学出版社，2011年版，第91页。

三星堆遗址二号祭祀坑出土的纵目青铜人面具①

青铜人面具
BRONZE MASK
商
三星堆遗址二号祭祀坑出土
四川广汉区三星堆博物馆藏
Shang Dynasty O 2th century BCO
Excavated from Sanxingdui sacrificai pit2
Collected by Sanxingdui Museum
No.47

① 谢升华摄于三星堆博物馆。

"纵目"特征，在三星堆遗址出土的青铜人像上有夸张的表达。

《华阳国志·蜀志》载蜀侯蚕丛"死作石棺石椁，国人从之，故俗以石棺椁为纵目人冢"。也就是说，石棺葬是"纵目人"古蜀王蚕丛氏蜀人的风俗。那么，后来见诸记载实行石棺葬的冉駹人应当与其关系紧密。

有学者认为蚕丛的别称就是冉駹。因为石棺葬文化从新石器时代晚期开始，历经夏、商、周，一直到东汉晚期依然存在，甚至到宋元明清时期还有发生了变化的遗脉。岷江上游地区石棺葬文化分布地与冉駹人群居住地高度一致，也与《华阳国志·蜀志》所载蚕丛氏风俗完全吻合。故"蚕丛""冉駹"可能是不同时期不同记录者，对居住在岷江上游地区同一族群的不同音译。[1]

也有学者提出，冉駹是同源于蚕丛氏的蜀人支系。[2]二者间有血缘关系。这一派观点认为上古西南的大部分民族是发源于甘青的氐羌族系。上古时代，其中一支向东进入平原，与土生的华人杂居融合。另一支又向东南迁居进入岷山地区，依山势而居，垒石为穴，渔猎并捡拾野蚕抽丝。后人

① 耿少将：《冉駹历史沿革考》，《中华文化论坛》2014年第3期。
② 徐学书：《大禹、冉駹与羌族巫文化渊源》，《中华文化论坛》2012年第1期。

丹巴县梭坡乡的一座四角石碉·张秋银摄

将这些居住在岷山河谷的人称为蜀山氏。后来蜀山氏的女子与黄帝系联姻，生蚕丛。蚕丛为寻找更好的生存环境，率领一部分族人从岷山向成都平原迁徙，建立了古蜀国，而留居岷江上游的一部分族人，至迟在夏代也建立了以冉、駹（龙）二大部落为核心的冉駹古国。

无论这两种看法哪种更接近事实，冉駹与蚕丛，追溯起来都与黄帝、华夏族的族源和文化有关。这或可解释碉楼何以与历史上的华夏高台有相近之处。但因生活环境的差异，处于中原的华夏高台更富丽，立于横断山脉的碉楼更朴实，并且就地取材，碉楼多以石头、泥土为原料。华夏高台唐以后几乎消失，而碉楼迄今屹立。

现存古碉楼中大部分为石砌的，也有部分以土夯筑的。但土碉当不是碉楼产生时的本原状态，石碉才是碉楼起源时的原始形式。

综上所述，早在蚕丛时代，川西北高原地区就出现了石碉建筑的雏形，古蜀先民是初创者。

不过，近年来有一位热衷于探索碉楼之谜的法国女士弗德里克·达瑞根（中文名冰焰），对遗存的古碉楼进行了碳14的测定，显示现存最古的碉楼可追溯到9世纪至11世纪，修建年代最晚下迄17世纪至20世纪。大渡河流域上游地区的古碉楼大多在13世纪至15世纪，岷江流域上游的古碉楼多在

14世纪至17世纪。

（三）历代对建碉民族及碉的称谓

碉楼自西汉时期被记录以来，在历代史书和文人笔下都有出现，只是对建碉族群和碉的称谓略有不同。

1.秦汉魏晋时期，有"冉駹夷"与"邛笼""碉"等称谓

"邛笼"一词最早出现在扬雄的《蜀都赋》中，说蚕丛居于"邛笼"石室。蚕丛氏蜀人迁居成都平原后，丧葬方式基本还是石棺葬，但居住方式则以成都平原气候和出产的方

成都市博物馆复原新津宝墩文化（距今4500—3700年）遗址的民居（宝墩文化是成都平原的文明曙光）①

---

① 蔡威摄于成都市博物馆。

便，改为木棍和竹片编篱再抹泥，上盖茅草的方式。

岷山冉駹依然是石室的建筑形式。战国后期蜀国被秦国所灭，蜀并入中原。冉駹还处在边地，秦曾在冉駹等西夷地区建制，遭到冉駹的抵抗又一度废止。到西汉武帝时期，中原王朝通过大规模军事行动在冉駹北部设置了汶山郡，再度将冉駹纳入中央管辖，其南部地区因接近蜀地，当地居民汉化程度较深，或已纳入蜀郡管辖。但冉駹仍属华夏文化的边缘，我们在《史记》《汉书》《后汉书》等正史里不时看到对冉駹的记述，包括记载其修建高碉的习俗。虽没有具体记载最早建于何时，但新石器时代的石砌遗址以及春秋战国不时爆发的战争，高碉所显示的信仰力量和军事防御功能，说明成熟形态的碉楼不会晚于西汉出现。到《隋书》还有"冉駹羌作乱，攻汶山、金川二镇"的记载，这是正史中最近一次关于冉駹活动写实性质的记载。之后，正史对冉駹一般只有追述性质的记载。"冉駹"这个族称好像消失或者被其他族称替代了。

汉代时，冉駹所居被称作"邛笼"。"邛笼"到底是"累石为室"的"石室"的称呼，还是"高者至十余丈"的"高层石室"的称呼，抑或包含了两者，历来有不同的说法。综合而言，大多数人倾向于认为"邛笼"是高层石建筑。到梁朝的文献《玉篇》给"石部"作解释时说：

丹巴县梭坡乡莫洛洛村古碉与传统民居·刘波摄

"碉，音凋，石室"。这时，我们才看到"石室"的另一个名字就是"碉"。这是现存字书最早使用"碉"字来解释这种石建筑的记录。

据现在的语言学家考证，"碉"是当地汉族人对"邛笼"的称呼，即使当地少数民族也这样说，那是受汉族的影响，讲的是汉语。而"邛笼"一词来源于羌语，是羌语的音译借词。

为何是羌语呢？这与岷江上游作为民族走廊的文化特色有关。

羌是原居于西北地区的游牧民族，东周时期，羌人为秦国所逼，或西移、或南迁。羌人多次南迁，随着中原王朝的军事扩张，原居河湟一带的一支羌人到达四川西部，曾与当地土著发生过争夺生存资源的大战，这保留在史诗《羌戈大战》中。史诗描述羌族祖先进入岷江上游地区之时，遇到居住于该地区的土著，羌人称他们为"戈基人"或"戈人"，其特点是"纵目"，并"生居石室，死葬石棺"。可见，这些人即古蜀之冉駹人。在大战中，最终羌人获胜，大部分戈基人被迫迁走。该地留有不少戈基人的石棺葬和石碉，也有一部分戈基人留下，戈基人善用石材的技术传给了后来居住在此土地上的羌人。《史记》记载羌人"冬则入蜀为佣"，羌人又把这种技术传给了居住于

汶川县威州镇布瓦羌寨的石碉·蔡威摄

成都平原的蜀人。蜀人按他们的称呼把这种建筑记录于文字，于是有了从羌语音译的"邛笼"记载。

从史籍来看，关于冉駹的正史记载到隋朝就结束了。而《隋书》《北史》《新唐书》出现了"嘉良夷"的记载，冉駹夷和嘉良夷有不少相同之处，最大的共同点是他们的居处。《隋书》载嘉良夷："俗好复仇，故垒石为而居，以避其患。其高至十余丈，下至五六丈，每级丈余，以木隔之。基方三四步，上方二三步，状似浮图。于下级开小门，从内上通，夜必关闭，以防贼盗。"这里所讲嘉良夷所建之，与"邛笼"系同一石砌建筑风格的不同称呼，也即现在广泛分布于藏羌彝走廊的碉楼。有学者推断，嘉良夷是冉駹后裔的名称，而嘉良夷正是后来嘉绒藏族的主要族源。

2. 南北朝至唐代，关于千碉、附国、东女国与碉（彫、雕）、重屋等称谓

南北朝持续近400年的动荡和战争，民族交流和交融更加频繁，碉楼的营造技艺也持续传播。到隋代，不仅记载嘉良夷善建碉，中原王朝还把修筑这种石室的一个民族称为"千碉"。"千碉"是羌人的一个支系，生活在深山穷谷，无大君长，其风俗略同于党项，或被吐谷浑役属，或附于附国。族名"千碉"，说明"碉"是他们的主要建筑形式，并且数量特别大。

这一时期在成都西北2000余里的附国，百姓居住形式为："无城栅，居川谷，叠石为巢，高十余丈，以高下为差，作狭户，自内以通上。"①

丹巴县梭坡乡碉楼群·张秋银摄②

---

① （宋）欧阳修、宋祁撰：《新唐书》（第四册），陈焕良、文华点校，岳麓书社1997年版，第3976页。

② 图片中的碉楼，因年代久远，碉身倾斜度大。

文中虽称为"巢",但从描述的形状来看,也是石砌碉楼。

《新唐书》还记载有一个与附国接壤的"东女国",系西羌之别种,其国俗"居皆重屋,王九层,国人六层"。"重屋"与上文所说的邛笼、巢一样,是一种楼建筑形式,并且是较高的楼。不仅有门、窗等设施,而且有用于防卫的射击孔。

公元7世纪也是吐蕃兴起并东扩的时期,吐蕃扩张到藏东、川西、滇北一带,文化交流使高碉营造技艺也在这些地方传播。因而碉楼在今天的西藏东南部、云南西北部都有分布。

这些"碉"(有些史籍又将"碉"写作"彫""雕")"重屋",考其源头,详其形制,清代学者丁谦说,应该都来自《后汉书·冉駹夷传》所谓"邛笼",今俗称"碉房",而且"凡是川西诸土司直至西藏,人们所居皆同此制"。

3.宋元明清至民国,石室、邛笼、碉、磉(巢)、碉磉、碉房、笼鸡、碉楼、达雍、呢哈等新旧称谓并用

宋代文献在谈及石建筑时大多引用《后汉书》及《隋书》之语,用当时通俗的称谓注释,称石室、碉、磉(巢)、邛笼、碉磉等。

元明清时期，川西北高原作为民族走廊，众多族群顺着金沙江、雅砻江、大渡河和岷江南来北往、迁徙流动。在各民族的交往、交融中，修建碉楼具有现实的需要，其营造技艺不断提升，不少民族都修建碉楼。迄今留存后世最多的碉楼就是这一历史时期修建的。

如蒙元大军攻破西夏国，迫使党项人南迁后，一部分党项人到达今天木雅地区，建碉以防御和居住。今天的木雅藏族就有党项人的遗脉。

明朝时纳西人北扩，受藏文化影响，也常建碉。因其高超的建碉技术，木里水洛地区的纳西族被其他民族称为"修筑碉楼的人"。

清朝时两度用兵金川，川西高原自松、达、茂不到三百里，碉楼棋布，易守难攻，使得碉楼名声大振，北方也开始建碉。

在称呼上，元明清时期高碉的称谓"邛笼"与"碉"依然含混，并变得更加复杂，称"碉楼""碉房""碉碟""邛笼"的都有。不过明清两代，对"碉"与"碉房"有了一定的区分，"碉房"又称"笼鸡"，专指高三层（下层为牲畜圈、二层住人、三层存货）的住宅建筑，而"碉"是高十余丈的"邛笼"，一般不住人，具有战争功能，不作战时则是祭神的场所。清朝用兵川西期间，又将该地的建筑分为"战碉"和"住碉"两类，战碉即高碉，住碉即民房。

民国时，汶川县的藏族把碉楼叫作"达雍"，茂县的羌族把碉楼称为"呢哈"，汉族则称"石碉""石室"或"碉房""碉楼"。在称呼上没有把高碉和民房进行区分。

从今天的碉楼现状来看，修建碉楼的地方和民族很多。但从文献记载、考古发现和实物佐证几个方面来看，在众多建碉民族中，居住在大渡河、岷江上游的藏族和羌族，是碉楼营造技艺的核心和发扬光大者。

（1）建碉之藏族

公元7世纪松赞干布在拉萨建立了吐蕃王朝，在上百年的征战与古羌集团中的苏毗、羊同、白兰、党项、附国，和古鲜卑集团中的吐谷浑以及部分汉人融合中，形成了今天的藏族。

藏族的内部支系很多。其中，木雅藏族非常擅长修建高碉。卫藏藏族也擅长建筑高碉，位于西藏山南地区号称西藏历史上第一座宫殿的"雍布拉康"，就是一座碉楼与堡垒结合式建筑。

至于世界文化遗产布达拉宫，更是"我国乃至世界的石碉建筑之最"。

但在所有藏族中，最擅长建碉的当数嘉绒藏族。嘉绒

拉萨布达拉宫·
贡吉摄

藏族的"嘉绒"是"嘉莫察瓦绒"的简称。

关于嘉绒藏族的族源，如前所述，与古之冉駹夷有
关。现在的嘉绒藏族地区，秦汉时为牦牛羌和冉駹夷的居
住地。

隋唐时嘉绒藏族地区为嘉良夷、西山八国、东女国等
西山诸羌所居之地。

丹巴县中路乡悬挂着牦牛头骨
的四角碉楼·张秋银摄

今天的嘉绒藏族系吐蕃王朝东征时琼部军人与今甘孜、阿坝一带少数民族长期通婚的后代。琼部军人带来本教信仰，对碉楼的营造产生了较多影响。目前，嘉绒藏族主要分布在邛崃山以西的大小金川流域和大渡河沿岸，在邛崃山以东的理县、汶川和夹金山东南的宝兴、天全、康定、道孚等地亦有分布。嘉绒地区处于四川省的两大涉藏地区甘孜州、阿坝州之间，同时也位于两个藏语区——安多、康方言的过渡地带。藏族在丹巴世居已经有悠久的历史，居住在丹巴县的藏族，以人口总数而言，由多到少分别是操康语、尔龚语（道孚语）、嘉绒语、安多语的藏族。其中，操嘉绒语的绝大多数是嘉绒藏族，这是藏族中

山间静谧的丹巴碉楼与民居相映·李永安摄

极具地域特色的一支。丹巴县由此也是嘉绒藏族文化的核心地区和重要发源地。

　　发展到今天，保存在嘉绒藏族地区的古碉楼尤其多。可见，在沧海桑田的时光变化中，嘉绒藏族地区始终保持着建碉的文化传统，成为当地特色突出的文化符号。

　　（2）建碉之羌族

　　羌族是中国古代最早形成的部族之一，也是我国最为古老的少数民族之一。早在3000多年前，商代的甲骨文就有关于羌族的记载。"羌"在古代是一个泛称，并不是一个单一的民族。

　　而今天所指的"羌族"，主要指古羌人中在岷江流域上游（现今四川阿坝藏族羌族自治州境内）定居下来的一支羌人。当然，今日羌族的族源也是多元的，除了由西北南下的河湟羌人，还有世居于此的冉駹人，以及后来由邛崃山区和川西北草原东进的羌人及部分吐蕃部落、由内地进入岷江上游的汉人等融合形成。现在羌族主要分布在阿坝州茂县、汶川县、理县、黑水县、松潘县等地。

理县桃坪羌碉·任陶摄

汶川县威州镇布瓦黄土碉
与民房相接·蔡威摄

　　史书记载，羌人早在汉代就以建造碉楼而闻名了。作
为我国西部最早的开发者之一，羌人在历史上创造了灿烂
的文明，保留了自己独特的风俗习惯。在漫长的岁月中，
羌人成为一个因战争、生活而修高碉闻名的民族，高碉、
碉寨也成为羌族地区最有特色的一个文化表征。

　　总之，在历史长河中建过碉的族群不少，对碉的称
呼也各样，但从今天的民族称谓来看，居住在大渡河、
岷江上游的藏族和羌族是建碉民族的核心，如今碉楼密集

之地也是这两个民族世居之地。藏羌碉楼从古至今一直保持着它的基本样态，与西方国家古代建筑的砖石结构体系和中国古代大宗木结构体系相比，更显得形式独特而愈加珍贵。

三、碉楼的类型及功能

（一）碉楼的类型

碉楼可以是各种类型的统称。二三层的一般叫作"碉房""石室"或"达雍""呢哈"，而十余丈高的则称为"邛笼""碟"或"碉"。所以，从高度上，以及是否供人居住上，首先可将碉楼分为碉房（民居）与高碉两大类。不过在学者进行研究和政府进行规划与保护时，常从狭义上使用"碉楼"，主要指高碉。文中所称碉楼，也主要指高碉。

普通的碉房起源很早，当人需要居住时，一般就地选材，石洞、山洞可能就是雏形。后来人多了，人们就用随处可见的石头层层累积成石头房子，考古发现的新石器时期石砌房屋遗址，文献及传说的蜀之先民所居石室，就是碉房的前身。

丹巴县梭坡乡藏式旧民居与新民居·蔡威摄

　　高碉往往高达十几米、数十米，形制和种类与碉房相比则较为复杂多变。归纳起来，大致有如下分类标准和类型：从使用的建筑材料上分，可分为石碉、土碉、土石碉三类；从造型来分，可分为三角碉、四角碉、五角碉、六角碉、八角碉、十二角碉、十三角碉；从功能和用途来分，可分为战碉、通信预警碉、土司官寨碉、界碉、纪功碉、民俗碉、寨碉、家碉等。

1. 依建筑材料分类

石碉，是砌石而成或以石砌为主的碉。甘孜藏族自治州丹巴县的梭坡古石碉群（84座）、中路古石碉群（21座）、蒲角顶古石碉群（29座）等可为其代表。这些石碉有多种角数形制，最高的可达50米以上。

丹巴县梭坡乡石碉碉王·蔡威摄

汶川县威州镇布瓦羌寨黄土碉14号·张秋银摄

　　土碉，是一层一层用土夯筑而成的碉楼。阿坝藏族羌族自治州汶川县威州镇布瓦羌寨黄土碉、乡城县的乡巴拉镇一带土碉群、新龙县的瞻对土碉、理塘县县城南营官坝的土碉等可以作为代表。

　　瞻对（旧土司名，在今新龙县一带）以土碉楼为主，沿雅砻江自下而上，村寨、河谷、关隘等的土碉分布广且数目、类型多。相传不少土碉建于明代隆庆年间，距今已有400多年的历史。这些土碉层高多为20米左右，以四角土碉最为雄伟，最高达到30米以上。碉楼基础墙厚2米，每相隔1米高，就留有10厘米的小孔。远远望去，整座碉楼非常壮观。

土石碉，是石砌与夯土相结合的碉楼。如阿坝藏族羌族自治州理县的危关古碉，该碉系杂谷脑土司苍旺始建于清代乾隆初年的碉楼，主要用于抵御外来侵扰，兼作传递信息之功用。古碉坐落在悬崖绝壁之上，用片石黏土砌成，共4角，高30余米。还有甘孜藏族自治州新龙县的格日土石碉、阿坝藏族羌族自治州汶川县威州镇布瓦土石碉

汶川县威州镇布瓦羌寨石砌基础与夯土相结合构筑的碉楼·蔡威摄

等，也是土石结合的代表。

2.依造型分类

三角碉是一种极少见的碉楼。

四角碉一般呈正方形，是所有角碉中最为原始、最为常见的类型，也是所有角碉中可以修建得最高的一种，如康定县朋布西乡的4座四角碉组成的碉群、金川县安宁乡四角藏碉等。

五角碉也较少见，它是四角碉的变形，在其中一面增加一角，以支撑该墙面，防止碉身倾斜倒塌，如丹巴县梭坡乡莫洛村的一座五角碉，因墙体和内部楼层损毁，当地文旅局组织修缮，现保存较为完好。

六角碉内部为圆形，数量不多。现能见到的仅有金川县集沐六角羌碉。

八角碉内部为圆形，较常见，是各种石碉中造型最美、建筑艺术水平很高的一种。在藏羌人民生活的地方的八角碉中，马尔康松岗碉为最高，也最有美感。镇魔降妖的八角碉又叫"风水碉"。

十二角碉较少见。其代表有茂县黑虎寨十二角羌碉等。

十三角碉是现存角数最多的碉，极为少见。这种形制的碉建筑难度最大。丹巴县蒲角顶的十三角碉号称世界之最，此碉为目前整个涉藏地区唯一保存较为完好的十三角

丹巴县梭坡乡莫洛村的五角碉·张秋银摄

丹巴县蒲角顶十三角碉·李永安摄

碉楼，原高60余米，现残存20余米；另在壤塘县蒲志西乡也有一座，较残。

3. 按用途分类

战碉，可分为隘碉和军事防御碉。这类碉最常见，大多建于要隘、交通要道、关口、渡口等处，如马尔康的松岗八角碉、理县的大碉等。

通信预警碉又可分为哨碉、瞭望碉、烽火碉，一般建于视野广远的山岭、河湾台地，用于观察、烽火传信等。

丹巴县远离村寨的烽火碉·刘波摄

土司官寨碉常常建于官寨主体建筑的一侧，与官寨主体建筑连为一体，为土司守备修建，因而一般建于土司官寨、守备衙署内或附近，如小金沃日土司官寨碉、丹巴县巴底土司官寨碉以及马尔康县的卓克基官寨碉等。

丹巴县巴底土司
官寨碉·冯顺杰摄

悬崖边挺立的丹巴石碉·
李永安摄

界碉，建筑在要隘险道上，主要用于防御封锁，形成
"一夫当关，万夫莫开"之势。

寨碉，以村或部落为单位，是一个村寨共同拥有的
碉，较高大，一般建于村口或村旁的高处，既是村寨的标
志，又可用于抗击入侵者，还可以通过放狼烟等方式与其
他寨碉沟通联系，实现信息"共享"。

家碉又称角楼，以户为单位，依房而建，较矮小，一
般与居住的寨楼相连，平时为家庭的储藏室，存放粮食、
肉类等，战时可用于抵御外敌。家碉通常还可分为兄弟
碉、子母碉、连珠碉、互望碉、联串碉等。

丹巴县中路乡的一座家碉与民居·蔡威摄

当然，以上划分只是大致的一种分类，事实上，许多碉兼具两种或两种以上功能，如寨碉往往又是烽火碉、要隘碉、界碉、风水碉和战碉等。

（二）碉楼的主要功能

一是居住功能。从碉楼的发展历史来看，其最早的用途应该是居住，如汉代对"石室""邛笼"的记载。

丹巴县中路乡曾用于居住的一座碉楼·蔡威摄

二是军事防御功能。碉楼发展到后来，越来越趋向于军事防卫，尤其是高碉。现存的碉楼除个别在底层开设碉门外，大多开门很高，常在离地面5米至10米以上才开门。且碉楼的中上部分常于不同方向的墙上错位开设通风、瞭望、射击孔，这明显用于军事防御。其他国家不少碉楼也具有此功能。英语国家的著述或翻译的中国文献以及中

丹巴县一座四角碉楼的碉身遍布瞭望口与射击孔·蔡威摄

国人用英文撰写的论著中，"碉"一词多用"tower"或"watch tower"表示。"tower"有"塔""楼塔""城堡""碉堡"的意思，与"watch"结合，就增加了为作战而进行的瞭望、戒备的功能。像欧洲的贝伦塔，一开始就是用于军事防御，西藏的第一座宫殿雍布拉康最初也是军事堡垒。中国史书中也多有碉战的记载。在大小金川流域，就有清朝乾隆年间两次"平定金川"之战，现在金川的老人和文化人还能随口讲述这些碉战的故事。当然，随着历史的车轮驶过，在这个和平年代，碉楼已褪去其战争防御功能，更多的是发挥其他功能了。

三是信仰功能。碉楼的信仰功能是比较突出的。碉楼的名字、形式、装饰等，常体现人们的各种信仰，如对天神的崇拜，对大鹏鸟的崇拜，对白石的崇拜等。有些碉楼的建制和装饰则明显受到本教或藏传佛教的影响。

四是民俗功能。碉楼也具有显示权力、财富、地界、男性、祖先与家业等多方面的民俗功能。

碉楼还有一些其他功能，如纪念功能等。

纵观世界各地，尤其是中国现存的碉楼建筑，无论是历史之悠久，还是建筑之独特；也无论气势之恢宏，还是文化内涵之丰富，都以川西北高原藏羌古碉楼最为重要，也最为奇特，被誉为中国古建筑"活化石"。那些劫后余

岩石上残破的丹巴
碉楼·李永安摄

　　生的碉楼，历经沧桑，经过成百上千年风雨剥蚀、地震和战乱的考验，仍巍然屹立，在古寨与绿树掩映下形成一道独特的自然人文风景，等待我们去探寻其中的奥秘。

千碉共赏：
藏羌碉楼聚焦及其文化之美

　　四川甘孜藏族自治州和阿坝藏族羌族自治州是藏羌碉楼密集之处，是近距离接触那些带着历史印迹的碉楼的好地方。

　　从成都出发，无论向西进入大渡河上游，去往丹巴、金川，还是向西北进入岷江上游，到理县、汶川、茂县等地，走在藏羌区域的乡间村落，都可以看到很多碉楼，有些地方还甚为密集。有些碉楼已经坍塌，有些被废弃或者改为杂物间，但仍有较多保存很好的碉楼。

一、藏碉凝视

（一）蔚为奇观的丹巴碉楼

丹巴县位于四川省西部、甘孜州东部，号称大渡河上第一城，是长江支流——大渡河、大金川河、小金川河、

蓝天下的丹巴八角石碉·刘波摄

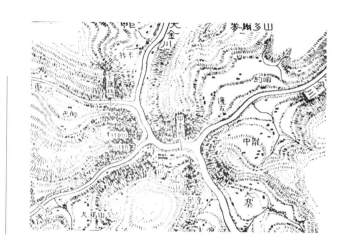

革什扎河、东谷河等5条河流的汇合处，县城就建在高山峡谷间的狭窄之地上。

　　丹巴县无论在史料记载上还是实地调查中，都是目前世界上碉楼数量最多、分布范围最广泛、功能类型及外型形状最齐全、历史发展脉络最清晰久远的地区。它不仅是探究碉楼营造技艺的理想场所，也是进一步揭开"两江一河"建筑文化奥秘的突破口。千百年来这些碉楼无声地挺立于深山峡谷，见证了这里世居民族的历史。

---

① 　该图为著名学者任乃强先生手绘于20世纪30年代。参见任乃强：《任乃强藏学文集·地文篇》（上册），中国藏学出版社2009年版，第565页。

丹巴县古碉楼群（及遗址）分布在全县12个乡镇中，现在还存留着343座，包括79座遗址。

下图分别是丹巴古碉楼的平面、立面、剖面图：

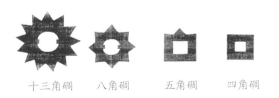

十三角碉　　八角碉　　五角碉　　四角碉

古碉平面图

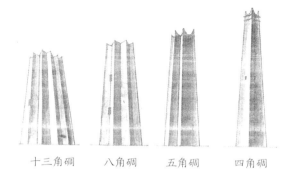

古碉立面图

十三角碉　八角碉　五角碉　四角碉

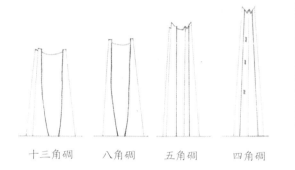

古碉剖面图

十三角碉　八角碉　五角碉　四角碉

　　在全县各个乡镇中，墨尔多山镇、革什扎镇、章谷镇等境内存留的古碉楼相对分散，数量较少，一般每村仅10座左右，共有150座（含遗址），占全县古碉楼总数的43.73%，被列为"一般保护区"。中路乡（含呷仁依村、波色龙村、克格依村、基卡依等村）、梭坡乡（含呷拉村、泽周村、松达村、莫洛村、左比村、泽公村等村），共

碉楼样式的丹巴县梭坡乡人民政府大门·张秋银摄

有古碉楼193座，大约占丹巴现存古碉楼的56%，是丹巴古碉楼群的核心分布区，被划为古碉楼群"重点保护区"，在2019年1月被评为"国家3A级景区"。根据相关数据统计，梭坡乡是整个丹巴乃至世界上古碉楼最集中、数量最多的地方，共有84座。可以说，梭坡乡是我国西部藏羌人民生活的地方碉楼分布最密集的乡村。

根据甘孜藏族自治州文化体育和广播影视局聘请专业测绘人员于2006年对梭坡乡、中路乡海拔1900~2900米范围内现存较完整古碉的调查、测绘、统计来看，从海拔高度来看，古碉楼群10个村中，最低海拔高度在2138米的村有9个，只有1个村（梭坡乡莫洛村）有低于海拔2100米的古碉楼7座，最低为1959.8米。大渡河沿岸还有一座古碉楼的海拔更低，即梭坡乡东风村境内一座高28米的四角碉，海拔仅为1880米。

丹巴县梭坡乡莫洛村古碉楼群的情况表

古碉编号	所处的海拔高度（米）	碉形（角）	完好程度
1	1992.2	四	A
2	2001.7	八	A
3	1999.8	四	A
4	2006.3	五	B
5	2102.7	四	B
6	2022.5	四	D

精「碉」细琢——藏羌碉楼营造技艺

续表

古碉编号	所处的海拔高度（米）	碉形（角）	完好程度
7	1959.8	四	D
8	2217.5	四	B
备注："对古碉的破坏性"一栏分为ABCDE共5个级别，分别表示：A—最大；B—较大；C—中等；D—较小；E—几乎没有，可以忽略。			

丹巴县中路乡碉身已斑驳的四角碉（二）·刘波摄

在本次统计涉及的古碉楼中，四角碉是最常见的，有79个；八角碉有7个，数量最少的五角碉只有1个。古碉楼群历经多种考验，仍然巍巍然凌空屹立：有的碉身已经倾斜，似比萨斜塔；有的碉身弯曲成弓，急需维修，至于完整者或久无人烟，不能进入；或布满苍苔，野草丛生，虽然外表尚可，亟待维修保养却是不争的事实。

结合考察与历史文献记载，可以将丹巴境内古碉楼群受到破坏的原因归纳为下表。

丹巴境内古碉群损坏原因分析表

	大类	小类	对古碉的破坏性	当今是否仍起作用
自然因素	地质灾害	山体崩塌	A	是
		滑坡	A	是
		泥石流	B	是
		山洪	B	是
		地震	A	是
	非地质灾害	风雨侵蚀	C	是
人为因素		军事战争	A	否
	政治运动	"文化大革命"	A	否
		"破四旧"	B	否
		农业学大寨	B	否
	经济活动	拆取石料出售、拆取内部的木材使用	D	否

续表

	大类	小类	对古碉的破坏性	当今是否仍起作用
人为因素	经济活动	修建新居者的拆毁	D	否
		兴建工程	C	是
		浇灌等不适当的经济活动	B	是

丹巴县中路乡碉身已斑驳的四角碉（2）·刘波摄

根据实地调查，丹巴县中路乡、梭坡乡古碉楼残破的具体表现是：碉基下陷，碉身开裂，碉体倾斜，石料侵蚀严重等。古碉楼受损有自然原因和人为原因，某些因素至今还在损害古碉。这提示我们，一定要采取措施，尽量避免对古碉楼群的破坏；同时，未雨绸缪，建立紧急预案机制，将可能存在的破坏因素控制或减弱到最低程度。

当地政府对古碉楼的保护很重视，视古碉楼为丹巴的一张名片，目前不少碉楼已得到保护或正在修缮。

成群的碉楼让人遥想起丹巴地区久远的建碉历史。汉唐至宋，中央王朝对少数民族聚居或杂居地带实行羁縻政策，元明清在西北西南地区则改为土司管辖。丹巴这个名称来自民国元年（1913年）置县时，取丹东、巴底、巴

丹巴县正在维护修缮的碉楼·李永安摄

旺三土司音译汉文首字为县名，故名丹巴。不过民间仍然习惯称丹巴、懋功（今小金县）、靖化（大金）为金川地区。古时称金川地区为"千碉之国"，必包含丹巴在内，丹巴确实不愧这个名号。

（二）一碉当关、万夫皆阻的金川碉楼

大小金川西连甘孜藏族自治州，东连成都平原进入川西高原的咽喉——汶川县，是嘉绒藏族通往汉地的要道之一：南接雅安地区；北接川西高原，与青海、甘肃相通，是汉地通往西藏、青海、甘肃等地区的咽喉与桥梁地带。它可以远扼西藏、青海、甘肃等地区，近控川边，因而，其地理位置和战略地位极为重要。历史上，这里也是兵家争夺之地。

在冷兵器时代，石碉不啻为有效的防御工具。在冲突和征战频繁的时期，横断山脉地区的碉楼就会增加。清乾隆年间，大小金川的碉楼数量就到达巅峰，大概有碉楼3000余座，户均1.1座。乾隆四十八年到五十三年（1783—1788）金川地区绥靖屯员李心衡记载金川"碉楼如小城""家给有之，特高低不一耳"。可见当时碉楼数量之多。

乾隆两次出兵攻打大小金川，战事长达24年，是乾隆时期最大、持续时间最长的一次碉战。我们从大量的史

籍中可以略见当时金川地区碉楼的多与坚，碉楼在战争中发挥了至关重要的作用。清军两次攻打金川，都使用"攻碉"和"守碉"两种战术。第一次金川用兵，清军将领因采用"以碉逼碉"的战术而节节败退。后来大学士傅恒采用"碉勿攻，绕出其后，旁探其道，裹浪直入"，"舍碉而直捣中坚"的策略，才使得战况有所转机。乾隆让被俘的金川兵在北京香山仿造金川石碉，造云梯进行攻碉训练。魏源在《圣武记》中说香山高碉"其建碉者，即金川番兵也"。

现屹立在大渡河、大小金川流域的古碉大部分都是两次金川战役留存下来的历史遗迹。

金川现有国家级文物保护单位曾达关碉，位于金川县马奈镇马尔邦乡和曾达乡交界处的金川河两岸，系明末清初大金土司为防御清军而建，也是乾隆两征金川的重要实物之一。曾达关碉由东碉和西碉构成，其中西碉素有"碉王"之称。西碉为四角碉，坐西朝东，与曾达关东碉、曾达关遗址隔河相望。之前西碉为残碉，据金川县文物局2009年测量数据记录，曾达关西碉2009年其顶部坍塌时，残高约43米，相当于十多层楼房的高度，可见其完整时多高！其南墙宽约5.9米，西墙宽约5.4米。作为军事工程，其南墙有7个竖直居中分布的射击孔，占据南墙上部2/3，下

北京香山石碉·张祺林摄

部1/3处分布两层小瞭望孔，皆为长约40厘米、宽20厘米，分别有6个，对称分布。西墙高4米处有一个瞭望孔，高6米处有2个瞭望孔，大小与南墙下部的瞭望孔相同。西墙高26.8米处有一大的瞭望孔，两边用石块支撑，长宽约为1.7米；北墙13米高处有一个瞭望孔，形制结构和西墙一样，高9.4米以上有3个竖直居中分布的射击孔，高4.3米和6.3米处分别有一排横置的3个瞭望孔。东墙高22.5米处有一瞭望孔，形制结构同于西墙大瞭望孔；高6.8米处有一窗，长2.1米，宽1米；窗以下还有3排瞭望孔，皆为2个，大小与南墙的小瞭望孔相同。①看其形制，遥想当年的战斗，真是一夫

① 该数据系金川县党校校长任朝琼提供。

中国碉王——金川县曾达
关西碉·代永清摄

当关，万夫莫开了。

　　作为重要的历史文物，2010年6月"曾达关碉加固维修工程"开工，修缮后的曾达关碉重现"碉王"雄风。

　　两次金川之战毁坏了很多碉楼，虽乾隆年间又兴建过一些碉楼。不过，随着火炮的运用等多种原因，作为防御体系的碉楼逐渐走向衰落，金川地区的高碉也日渐减少。

　　金川县现存碉楼主要有四角、六角和八角碉楼，具有代表性的除曾达关碉外，还有安宁乡四角藏碉、集沐六角羌碉、观音桥镇石旁村越瓦八角碉等。就金川全域来说，石碉遍布全县，但与邻县丹巴相比保存较为完好的碉楼不算多。近些年，一些过去残损的碉楼，陆续在当地政府的组织下被重新修缮。

二、 羌碉一瞥

碉楼建筑在羌区非常普遍，现存的碉楼主要分布在汶川、茂县、理县、北川的一些寨子中。理县桃坪羌寨古碉及寨群、汶川县布瓦村黄土碉群和茂县黑虎羌寨古碉群各

茂县牟托羌寨新建的石碉·
第秋银摄

具特色。羌族碉楼有四角、五角、六角、八角的，内部一般4到11层不等，各层用圆木做梁，密铺树干、树枝，填土夯实。在建材上，石碉、土碉、土石碉都有，其中土碉颇有特色。羌碉整体略显"臃肿"、厚重，外观结构也较为复杂。

（一）理县桃坪羌寨碉楼

桃坪羌寨，位于四川省阿坝藏族羌族自治州理县杂谷脑河畔桃坪镇，羌寨距离理县城区40公里，是国家级重点文物保护单位。走进桃坪，最先映入眼帘的是那些历史悠久、参差交错、古朴神秘的羌族古民居建筑，这些古老的建筑全由石头垒成，高低错落。桃坪羌寨是世界上保存最完整的尚有人居住的碉楼与民居融为一体的建筑群，完善的地下水网、四通八达的通道和碉楼合一的迷宫式建筑艺术，被中外学者誉为"羌族建筑艺术活化石""神秘的东方古堡"等。

桃坪羌寨，是最具羌族风情的民寨之一，全寨原有高碉7座。羌碉是桃坪羌寨最高大的建筑，作为桃坪的代表性建筑，以前主要是用于防御敌人的。部分桃坪羌碉侧面有凸起，当地人称为"鱼脊背"。"鱼脊背"给墙体多了一个支撑，使碉楼更加坚固。因为"鱼脊背"技术的失传，

所以相对新的碉楼便没有这个突起的侧面。碉楼四面都有
枪眼，碉楼顶部有一个瞭望台。在早些时候，羌族聚集区
每隔一定距离就有一个碉楼，数个碉楼连接起数百里的村
寨，哨兵一旦发现敌情，马上施放烟雾，便能快速把战争
的信息传到百里之外。如今，碉楼成了桃坪羌寨独特的文
化景观，随着旅游的发展，桃坪羌寨逐步走上了民族村寨
旅游发展之路，也在申报世界文化遗产。

理县桃坪羌寨
一隅·任陶摄

（二）汶川县布瓦羌寨碉楼

布瓦村古碉群，位于海拔2100米的四川省阿坝藏族羌族自治州汶川县威州镇布瓦村村落及周边区域，东西长约3000米，南北宽约2000米，面积约600万平方米。古碉群主要是元、明、清时期的碉楼，2006年经国务院批准为全国重点文物保护单位。布瓦羌寨与汶川县城直线距离不到2公里，从县城出发却要经过10公里的盘山公路才能到达布

汶川县威州镇布瓦羌寨的黄土碉·刘波摄

瓦。布瓦羌寨的黄土碉最有特色，土碉一般坐西向东，为四角碉的变体，平面呈方形。土碉基础为片石砌成，碉墙均用黄色黏土夯筑而成，整体下大上小略带收分，内设木质楼架并以独木梯上下。碉门常开于东墙底部或靠东北角或在墙中部，碉身不规则布满T字形射击孔，2—6层四边各横排3个。碉高18—20米不等，碉顶为平顶，顶上南半部分修建高2.5米楼状墙，遗憾的是，很多都只留下基座或为遗址。

汶川县文物局对布瓦48座碉楼进行编号管理，不论是黄土碉还是石碉都有各自的编号，之前在古碉位置立一

汶川县威州镇布瓦羌寨黄土碉8号介绍牌·张秋银摄

汶川县威州镇布瓦羌寨黄土碉8号的入口·张秋银摄

块小石碑对古碉进行介绍，现在又为土碉立起更大的介绍牌。2008年"5·12"汶川特大地震对布瓦黄土碉的伤害较大，位于大布瓦编号为7号、8号、14号的黄土碉顶部垮塌，碉身出现贯穿性裂缝，其余45座碉只留存碉基，部分为遗址。

我们在布瓦羌寨实地调查时，攀至一座黄土碉的顶部。这座土碉与一个已废弃的宅院相连，土碉的门旁有排水管，每一层都有木梯子连接，此系汶川县文物局修缮后的碉楼。进入其内部可以明显看到它是由黄泥、枝条、木头自下而上垒砌形成的，整座碉楼有8层，从2楼开始有瞭

从布瓦羌寨黄土碉8号顶部俯瞰汶川县城·刘波摄

望口，3楼开始在四个方向均有射击孔，顶部有一个视野良好的瞭望台，碉楼顶部放有白石。

（三）茂县黑虎羌寨碉楼

茂县黑虎羌寨位于黑虎镇小河坝村，该村是全国少数民族特色村寨，位于该村的鹰嘴河羌碉群是全国重点文物保护单位。黑虎寨居于岷江支流黑水河流域的深山中，有古朴的民族风情及保存完整的古建筑。从黑虎羌寨的整体格局来看，民居是围绕碉楼修建的，碉楼与民居紧密地

茂县黑虎羌寨碉
群·杨永德摄

融为一体，村寨不以公共碉楼为中心，而多私家碉楼和民居的结合，呈现出碉楼林立的整体空间特征。这种空间形态，看似散乱无中心，实质上是以一二座高大的碉楼为中心，犹如众星捧月，形成若干碉楼民居环绕的布局，羌碉散布在十多个羌寨中，让人为之惊叹。黑虎羌寨建在险峻的山梁上，左边是悬崖，右边是山坡，在远处眺望碉楼给人一种高挺、威严之感。

黑虎羌寨曾经有200多座碉楼，现在还有40余座，留存较好的碉楼只有7—8座，有少数在修缮。形态上有四角碉、六角碉、八角碉和十二角碉。其中，黑虎鹰嘴河杨家八角碉是一座建于清代的碉楼，位于黑虎小河坝村鹰嘴河，坐东南向西北，共7层，台梁式木石结构，内部是圆形，整体从下往上渐内收，底周长16.7米，高18米，角距2米，每面3个射击孔，共24个，以前是黑虎羌寨抵御外敌的重要军事设施。目前，当地政府正在开发黑虎羌寨的旅游资源。

当地文旅部门对碉楼进行了不同程度的修缮加固。修缮加固后的碉楼依旧耸立在山脊之上，为了在技艺中保存属于民族的文化记忆，当地还新建了一些碉楼。

将甘孜州丹巴、金川和阿坝州理县、汶川、茂县的藏碉、羌碉进行比较，可以发现，总体而言，藏碉、羌碉很相似，尤其在形状上，不过也各有不同，藏碉石料更精，修建得也更高。藏碉与羌碉皆有防御功能，但藏碉大多单家独户，羌碉则多与村寨相结合，强调整体。也就是说羌碉与村寨民房的沟通联系比藏碉强，有一些局部区域内的防御体系显得较为特别，典型就是理县的桃坪羌寨。

　　羌碉顶部的造型较藏碉复杂。羌碉顶部有两种造型：第一种，在顶层削去一半围墙，使外形呈椅子形，这种顶层结构多存在于高碉中；第二种，在碉楼顶部建造半截楼板用于遮风挡雨，另外一半为敞面形成一个看台，以供瞭

汶川县布瓦羌碉顶部·张秋银摄

望、投掷重物或烽火传递信息等。修复后的汶川布瓦黄土碉顶部就是这样的造型，如西南交通大学教授季富政所言："顶端有的在墙外四周作披檐，以防水淋墙体，且有出檐。"①在汶川县布瓦黄土碉上，顶部四角还挂有风铃，据当地人说碉楼未倒塌之前，风一吹便能听到风铃的声音。

从碉身来看，藏碉棱角分明，结构清晰简单，从底部到顶部没有过多装饰，而羌碉的鱼脊背线条则和藏碉形成鲜明对比。

---

① 季富政：《中国羌族建筑》，西南交通大学出版社，2000年版，第246页。

三、藏羌碉楼的文化之美

无论藏碉还是羌碉，建筑与文化之间都有十分密切的联系。可以说，碉楼是一部石头、泥土的史书，承载着丰富的历史文化信息、民族特色和民俗生活的内容。

大雪后的丹巴碉楼·李永安摄

（一）藏羌碉楼营造的历史美

不管从资料记载还是田野调查来看，碉楼营造都具有久远的历史。如在丹巴县碉楼林立的中路乡发现的"罕额依新石器时代文化遗址"，说明丹巴地区是青藏高原上古人类活动的重要地域之一。这一遗址出土的文物和黄河流域的出土文物十分相似，说明其既有本身的文化特点，又与周边文化联系密切。遗址中的石砌墙等建筑工艺直接影响了以后生活在该地区的先民，是后世大小金川流域石碉技术的源头。

从历史时期来看，碉楼营造的出现是古老的藏羌民族先民从逐水草而居到农耕社会的一个标志。分析碉楼及其遗址的分布，可以再现当时这里的社会管理情况。特别是中原王朝在这里实行土司制度以后，土司头人多修有高大坚固的碉楼，这是至高无上的权力和地位的象征。他们或为了霸占邻寨的一块土地，或为了争夺一块草场，常形成械斗及部落战争。高碉见证了无数的战争，可以说一部高碉历史就是一部古代战争史。同时，为了自己的土地和人民不被掠夺，各方势力又在自己的领地修寨碉，从一个时期该区域的寨碉分布，我们可以了解这一时期该区域的历史地理。

丹巴县一悬于岩上的碉楼遗址·李永安摄

此外，由于川西高原特殊的地理区位和自然环境，使之成为历史上几次南北民族融合的平台和迁徙的走廊，这里也是历史时期中原通往西藏的交通要道之一。所以，随着人口的迁徙和交往，碉楼营造的建筑形制、建造方式、文化观念也被带到各处，促进了各地建筑及民俗文化的交流。因此，多元文化的融合在碉楼营造上得到忠实的反映。比如嘉绒藏族的碉楼或民居上，会有人形、白塔、日月等标志，有的是画上去的，有的则是在墙体中嵌入的白石；一些羌碉和民房外墙上放置牛骨，一些碉顶简洁无装饰，则是受到藏碉的影响。

（二）藏羌碉楼营造的信仰美

自古以来，碉楼在各部落争斗和防御动物的袭击中都起着重要作用，因此当地人历来把碉楼视作保护神。斗转星移、世事变迁，碉楼都始终与藏羌民族同呼吸共命运，成为当地民众生产、生活和宗教文化的核心部分。当地的每座民居中，除了均有供奉神灵的经堂外，屋顶几乎都有崇拜诸神的标志。宗教在碉楼的形成和发展过程中起了非常重要的作用。

1.宗教推动碉楼的修建和发展

藏羌碉楼分布密集的地区，即四川"两江一河"地区，历史上这里也是本教较为盛行的地区。碉楼古称"邛笼"，该"邛"的发音与本教信仰的大鹏鸟"琼"发音一样。这属于巧合还是偶然，目前还无共识，但本教对历史时期碉楼的营造有影响却是可确定的。

本教是藏民的本土宗教，带着原始自然崇拜的色彩，也受到早期印度教湿婆派的影响。印度有着悠久的历史、复杂的宗教和文学体系，亦有非常多的神话传说。关于天地的开辟和宇宙的形成，对很多国家和民族产生了影响。印度神话讲：最初，此世界唯有水，水以外无他物，水产出了一个金蛋，蛋又成一人，是为拍拉甲拍底，实为诸神之祖。这种卵生神话对本教产生了影响，在本教盛行之地，都有认为自己的族源来自神鸟之蛋的传说。如嘉绒地区就传说土司家族均出自"琼鸟"所生的"卵"。

静静守候在大渡河畔的碉楼·李永安摄

在田野调查中，我们了解到嘉绒藏族对"琼"有两种解释：一种认为"琼"是他们的祖先。民国时期马长寿先生深入嘉绒地区进行调研，还看到当地藏民把一个木雕的三尺高的琼鸟供奉在屋中，视同祖宗。另一种解释则说"琼"代表其祖居地。当地人有一种传说，讲现在的嘉绒藏族的祖先来自琼部，据说琼部大约在西藏拉萨的西北部，距拉萨十八日程。说琼部古代有三十九族，因人口众多又土地贫瘠，为了生存很多人迁到康北与四川西北，这些人逐渐与当地人通婚繁衍，在现在的生活地。这一传说与历史上的记载也大致吻合。

并且，绰斯甲土司的族源传说中自称其先祖来自沃摩隆仁，之后迁至琼部，再之后"东行"到了嘉绒地区。沃摩隆仁是本教发源圣地，嘉绒地区的土司家族的族谱记忆直接将其祖居地追溯到沃摩隆仁，这说明一个事实：嘉绒地区的本教乃是来自于象雄地域即今西藏西部的阿里地区。

而在田野调查中，西藏山南地区的民众对碉楼的功能与作用主要有两种说法：其一，碉楼是"琼"即大鹏鸟的巢。当地民众将碉楼称作"琼仓"。"琼"指"大鹏鸟"，"仓"指住所。也就是说，碉楼是人们为大鹏鸟建造的巢穴，是大鹏鸟栖息的地方。其二，碉楼是为引开大

鹏鸟设的陷阱。人们为了不让大鹏鸟捕杀牛等牲畜，故建起碉楼，并在碉楼上放置牛皮，让大鹏鸟误以为牛在碉楼上，所以飞到碉楼上捕杀牛，而不致危害真正的牛。

无论是哪种解释，都体现了本教对碉楼兴建的影响。从碉楼的地域分布也可看到，虽然并不是所有流行本教的地方都有碉楼，但有碉楼的地方几乎都盛行本教。

嘉绒地区的许多古碉，碉身上都有用白石镶嵌的"雍中"符号。乾隆征金川后又在嘉绒地区强令推行藏传佛教

墙身镶嵌白石子、画有符号的
丹巴碉楼·李永安摄

格鲁派，而无论本教还是藏传佛教，都对碉楼营造产生了影响。

藏碉总是充满宗教气息。如丹巴地区的碉楼，作为家碉的碉顶设有"煨桑台"，用于焚烧松柏等物，祭祀神灵，旁插经幡；一些碉身有用白石砌成的牛头、海螺等；另有一些在碉上堆积石块再放上牛头作祭拜物。

羌族十分崇拜白石，其历史非常悠久，可以追溯到新旧石器时期：在考古发现的遗址中，原始时代的氐羌系

丹巴县梭坡乡挂有经幡的碉楼·蔡威摄

人群墓葬中就出现打磨过的石头陪葬品。石头这种自然之物是生存的重要原料，既是工具，又可垒石而居。在羌族史诗《羌戈大战》中，白石不仅为羌人迁徙留下标记以辨方向，还作为武器帮助羌人打败了戈基人，所以白石在羌族心中是神圣的。羌族碉房的房顶平台上有一个神塔，叫"纳萨"，用来焚香敬神，纳萨塔上就供奉着白石。如今在羌族碉楼和民居上常能看到白石，一些碉楼上也摆放有白石。

此外，羌族的碉楼和民居还常在墙上嵌入白色的石头或其他能与墙体区分的东西，构成羊头或牛头的图案。当地羌族人还有"泰山石敢当"的文化信仰，石敢当取山中

放置在布瓦羌寨土碉顶端的白石·张秋银摄

石材制作，主要为浅浮雕和圆形雕，一般安放在寨子入口处及碉楼门前。羌族认为石敢当是具有镇宅功能及保佑寨子人畜平安的平安神。

藏羌碉楼的营造还与各种民间信仰有关，人们总以神话来解释他们何以修建碉楼。

比如关于碉楼的产生：传说很久以前，大渡河上游一带妖魔横行，民不聊生。国王召集大臣和匠人商议对策，决定修建高约2丈的四角形高碉以抵挡妖魔，这一举措很有成效。从此，国王下令动员民众建碉，凡是有男孩的家庭必须修一座碉楼。这一举措逐渐延续下来。

又传说，很久以前，神兵将妖魔从北方追赶到了临近芦花的地方，从此这里妖魔猖獗。为了抵抗妖魔的进犯，居住在芦花附近的兄弟俩"柯基"和"格波"，决定用石头修砌一座高大的石碉楼来镇妖除魔。由于妖魔来得太快，在慌忙之中，兄弟俩将石碉砌得碉身倾斜，当地方言称石碉为"笼"，称倾斜为"垮"，于是人们便称这座修斜了的石碉为"笼垮"，将石碉所在的地方，称为"柯基笼坝"，意指修建有石碉"笼"的坝子。镇妖除魔的石碉常被称作"风水碉"。在藏羌人民生活的地方，常有专门为镇邪而建的风水碉，虽然目前仅发现了八角碉一种，而且均为清代中晚期建，但是，它与当地人的宗教意识密切相关，则是毋庸置疑的。

　　此外，关于丹巴县蒲角顶聂尕寨十三角碉的产生，有一种说法也与宗教有关。在嘉绒地区有娱神的"十三战神舞"，代表了对嘉绒守护神的崇拜，十三角碉正好印证了这一特定的内涵，成为当地人的崇拜之地。

　　丹巴县中路乡波波家的古碉楼第三层建有藏经阁，听说是原址曾经有活佛打坐的缘故。

丹巴县蒲角顶聂尕寨十三角碉·李永安摄

精「碉」细琢——藏羌碉楼营造技艺

2.修建碉楼的仪式

在甘孜、阿坝等地，藏羌人民认为垒砌碉楼是惊动上天的大事。与建碉相关的事情，比如某些方位是否能砌、什么时间开砌、具体砌在什么地方等都要先求神问卦。如果某处的"邪气"太重，需砌一座碉楼来压邪气，砌于哪个位置、砌多高才能压住邪气，也需要求神问卦。如果某处的风水缺少了点什么，砌座碉楼就可以弥补其不足了。为了使碉楼修建顺利，一些地方在修建前还要举行动土仪式，要请"释比"（羌族祭司）测量碉楼的方位、风水的好坏，算出吉日后方能动土修建。

而另一些地方则需在建造前请当地的"贡巴"（意为修行人）打卦。当人们动土修屋时要请巫师"贡巴"念经卜卦，这与原始的本教有关。一般房主会把全家人的生辰八字和房基上的一块泥土交与"贡巴"，"贡巴"通过念经卜算，最后向主人明确建房位置、动土开工时日、墙角开挖点、放墙角基石时间等，村民们对这些卜算都深信不疑。据说开工时由"贡巴"念经告知"土地之神"之后，就不会有鬼神来打扰碉房的修建了。

（三）藏羌碉楼营造的生活美

碉楼的修建不仅是藏羌民众口传心授代代习得的一门

技艺，也是当地民众日常生活中的一件大事。修建碉楼时不仅需要占卜打卦等各种民俗活动，在具体修建时还常常需要村里人帮工。对藏羌人民生活的地方来说，很多民俗生活都是围绕碉楼展开的。

1.建碉营造中邻居互助的优良传统

在我们所调查的藏羌等地，几乎都有建房时邻里相助的现象，充分体现了中华民族的优良传统。建碉房是件非常重要的事，男子娶妻生子必须另立门户修建碉房，否则会让人瞧不起。若是上门女婿则可继承女方祖上房屋。在修建碉房时，亲戚和同村的村民不约而同地自带工具来帮忙，大家对换工、帮工习以为常，形成了良好的协作关系。男人采石、打石、砌墙、和泥，女人背土、取水、砍树枝，在建锅庄层时亲戚们还会背来粮食和猪膘肉、柴火，场面非常热闹。

此外，多种民俗仪式均与碉楼有密切的关系。

2.碉楼营造中的生育礼俗

在大小金川地区及丹巴嘉绒藏族中有一种民俗：某户人家里生下男孩后，就开始挖基动土、备石取泥，准备建造碉楼，如果男孩长大成人，家碉还没有修好，男孩就娶不到媳妇。在修筑高碉的同时，还要打炼一坨铁埋在土里，作为男孩的诞生礼。庆祝男孩诞生的日子，寨子里的

左邻右舍、亲戚朋友都会来祝贺和帮忙，一来祝贺主人添丁加口，二来帮忙开挖碉楼的地基。主人则要拿出家酿的咂酒、猪膘肉来招待客人。孩子每长一岁家里便修一层碉楼，还要把铁从土里拿出来冶炼一次，孩子成人，高碉修成，铁已成刀，便要给男孩子举行成人仪式，并把刀赐予男孩。曾经，有无高碉和碉楼的大小是家庭力量的体现，没有高碉的人家，儿子是娶不到妻子的。如今，雅安市硗

碛乡的嘉绒藏族生子后，在门口置一小石碉，系这一民俗的遗留。

3.碉楼下的成人仪式

自古以来，嘉绒地区的男子在他们年满18周岁时都将举行庄重的成人仪式。仪式通常在碉楼下举行，四邻乡亲都会来参加。仪式一般由村寨中最德高望重的长者主持。仪式上的重要环节是：长者将制成的钢刀赐予男子，男子接过钢刀后，当众登上已经建成的碉楼，向众神佛和长辈跪拜。经过成年礼后，男子在家庭和社会中便要承担起一

丹巴一碉楼与民居·
李永安摄

定的责任，而且，此礼表明男孩已经长大成人，可成家立业了。

　　女孩的成年礼也需要在碉楼下举行。如嘉绒藏族地区，成年礼一般以自然村落为单位，举行之前由喇嘛或者贡巴择吉日（吉日通常定在农闲之时），吉日定下后，要举行成年礼的女孩可集体参加，也可单独举行。参加成年礼的姑娘装扮方面非常讲究，通常会在前额左右两边各编3条细发辫，额头中部系一道珊瑚珠子连成的环带，额中部镶嵌了一个大蜜蜡在发辫上并盘在头顶，发辫上挂满珊瑚、松耳石、金银饰品等。两辫交盘的发尾须绕在脑后一根长约45厘米、粗约3厘米的圆木发簪上。这枚发簪被当地的人称作"戴角角"，是姑娘成年礼上的标志性饰物。收拾打扮好后，一场别有风情的嘉绒女孩的成人仪式开始了：高亢的铜号海螺声把人们吸引到山寨碉楼下的空地中，手捧哈达的村民早已聚集在此，伴随着山歌声，妇女们簇拥着几位盛装的嘉绒少女，将她们引导到寨中德高望重的长者前，在接受了长者的谆谆教诲和美好祝福后，少女们开始加入锅庄队，随着旋律翩翩起舞，她们载歌载舞，表达着对美好未来的无限憧憬。在多届中国四川丹巴嘉绒藏族风情节上，就表演了这一仪式，为丹巴嘉绒藏族风情节增添了无穷的魅力。

丹巴嘉绒藏族风情

节场景·冯顺杰摄

4. 碉之性别

碉除了有前文所述之三角、四角、五角、八角、十二角、十三角碉之分，烽火碉、战碉、界碉、家碉之别，碉还有性别之说，即碉有男性碉楼、女性碉楼（雄碉、雌碉，也称为母碉、公碉）之分。

在碉楼云集的丹巴，碉就和人一样，不仅有男女性别之分，还有自己的名字。在梭坡乡，下图中有三座碉楼排开，左面的是甲戈家的四角碉，名字叫"拥忠"，是男性，向前倾斜估计二十度角，好像比萨斜塔的模样；中间一座是八角碉，名字叫"曲登"，也是男性，最为粗壮敦实；右面的一座四角碉，叫作"弄比"，是牛头的意思，被认为是女性，状细长秀气。

分辨藏族碉楼性别有两种方法：第一种，雌性碉楼的棱角是一条直线，在这条线上每隔一定的距离就有一道凹

丹巴县梭坡乡莫洛村
三座古碉·蔡威摄

槽，凹槽四角横贯碉身一周；而雄性的碉楼，楼身的棱角为一条密实的直线。第二种，雌碉的木梁露在外面，时间长了会发黑，所以雌碉的楼身上有一道一道的黑色痕迹，而雄碉的木梁在内部，不外露，因而没有痕迹。碉的性别之说在丹巴中路乡、九龙县等地方都比较流行。

丹巴县中路乡的一座
母碉·蔡威摄

5.民俗和传说中的碉

某些村落自有史以来，便以家族能垒砌一座受人赞扬的碉楼而自豪，垒砌碉楼成了民间财富的象征；但凡村寨举行结婚仪式、逢年过节集体跳"锅庄"等，均在碉楼下进行。

川西北高原地区，自古以来受碉楼文化影响很大，以碉楼命名的村落甚多，如丹巴"一支碉""石碉沟""黑碉""卡尔古"（意为碉坡）、"卡尔绒"（意为碉寨）等。

此外，与碉有关的故事和传说也很多。

丹巴县梭坡蒲角顶十三角碉号称世界之最，此碉为目前整个涉藏地区唯一保存较为完好的十三角碉楼。根据考证，丹巴蒲角顶十三角碉大概有八百至一千多年的历史。原碉有六十多米高，由于年代久远，加之雨湿风化，碉已垮掉一部分，现仅存二十来米。群碉以十三角碉为龙聚之首，彼此之间相互观望和照应，共同守护着这里的百姓。

关于十三角碉，有一个民间故事长久流传。据说一千多年前，蒲角顶住着一个头人名叫孜孜。孜孜横征暴敛、巧取豪夺，并且要求他辖区内的百姓一年中必须用一半的时间为他当差，还必须按规矩按期向他进贡。他家里的金银首饰、山珍野味堆积如山，可谓富甲一方、权倾一时。但是孜孜虽然拥有三妻四妾，年近五十却还没有子嗣，孜孜很着急，到处请人占卜、打卦、念经，为求一儿半女耗去了不少精力和黄金白银。后来孜孜终于得到仙人指点，在他五十寿筵时喜得贵子。孜孜将这个来之不易的儿子视如珍宝，但这个备受溺爱的儿子却从小体弱多病、发育迟缓，且智力有问题。虽然儿子傻，孜孜还是很宠爱他，转

以十三角碉为龙聚之首的蒲角顶碉群·李永安摄

眼他十七八岁了，为后继有人，孜孜开始给他物色媳妇。孜孜陆陆续续派出很多人到丹巴各地土司家提亲，对方一打听到小伙子是个傻子，都摇头拒绝了。孜孜非常苦恼。孜孜家对面的梭坡地方住着一位十分美丽的姑娘，愿意嫁给他儿子，但姑娘的父亲不同意这门亲事。孜孜知道后，立马请了喇嘛来打卦诵经，祈福诵经九九八十一天后，孜孜得到一位神仙托梦："在蒲角顶山上修筑一座十三角碉，你儿子的病就会好。"于是孜孜赶紧请了最优秀的工匠，用了三年时间修起一座十三角碉，他儿子的傻病果然就奇迹般地好了，姑娘的父亲也就不再反对，孜孜大摆筵席，为儿子十分隆重地迎娶了这位美丽善良的姑娘。

与十三角碉相关的故事还有不少，其中关于十三角碉的来历就有另外一个传说：相传蒲格里寨的女寨主想拥有一座与众不同的石碉，但苦于没有理想的设计而迟迟没有动工，后来女寨主在织衣绕线时，用插在地上的几根树枝，无意中缠绕出了十三角形。她觉得这种造型非常好看，于是命令工匠按照这个图形建造石碉，果然在墨尔多神山下建成了十三角碉，这成为女寨主终身的荣耀。这个传说颇能看到一点女性文化的影响，并从民间故事的角度印证了史书里关于雅砻江流域曾是"女儿国"等女性文化带的记载。

在接待宾客的礼仪中，碉楼也是重要的欢宴场所。正如当地祝酒中唱道的："神秘的古碉下，美丽的石榴花，远方的客人请您常留下……"

叁

『碉』栏玉砌：
藏羌碉楼营造技艺

　　川西北高原的碉楼看似质朴，但在人力物力有限的年代，搬大石、集碎石、夯泥土，巍峨碉楼平地起，历经千百年而不倒，精"碉"细作，凝结着藏羌民众高超的智慧结晶。

　　那么，文化信息如此丰富的碉楼具体是怎么营造的呢？

一、碉楼的营造程序

藏羌碉楼远看像工厂的烟囱，直指青天；近看如古老的烽火台，宏伟凝重。碉楼下大上小，墙体下厚上薄、内直外斜，经过多年的风雨侵蚀和多次的地震摇撼，既不见

倾斜，也没有倒塌，堪称建筑艺术的一大奇迹。这与其注重选址、选材、打地基，修建中注意墙体的堆砌、内部构造的设计、顶层的封锁等程序紧密相关，碉楼的修建十分贴合现代数学、几何学、力学、地理学、建筑学的原理。

（一）选址

碉楼随其修建功能的不同，地址选择也就不同。如战碉、烽火碉、界碉、纪念碉等多独自矗立，而家碉则大部分与宅院相连，建在宅院围墙的转角处。

当然，无论哪种功能的碉，其所处的大环境都是典型的"两山夹一河""两河夹一山"的沟谷地貌，所以碉楼的选址基本都在 "近山谷"的地方。山谷地带有丰富的水源、树木和食物，有良好的居住条件，而且山头既有开阔的视野，又有大量的石材。高碉一般是建立在高的台地、山脊或山顶。现在很多随民居而建的家碉则修建在沿河两岸。具体的位置，会根据当地人长久的生活经验或活佛、贡巴、释比占卜来选取。选址是建碉成功的第一步，通常需遵循一定的风俗，经过看风水、测方位、合八字、算吉日等一系列程序，最终确定具体的建碉地址。确定后还会有开工动土仪式，以祈求一切顺利吉祥。

（二）选材

藏羌人民生活的地方有大量的石头与石片、木材与泥土。藏羌人民利用俯拾即是的石头与石片来垒砌碉寨，很好地利用了当地的自然财富。寺庙或宫殿的建筑，会专程从很远的地方运输建材或烧制砖瓦等，而藏羌碉楼通常就地取用石材、木材、泥土。这些建筑材料都是可以多次使用的，石头来自于大自然，建筑毁损后石头又回到大自然，绝不会污染环境。作过建筑之用的泥土是上佳的沃土，可肥地力，有利于环境保护。藏族有拆旧翻新的习惯，石材可以被反复利用，石碉的修建能延续几千年，取材于当地是其重要的因素之一。

丹巴县梭坡乡莫洛村一民居周围开采的石头·刘波摄

当然，碉楼选材用料也是十分讲究的，大到楼层分布，小到一块青石都要仔细考虑，不同形状和大小的石头作用不同，需要安放的位置就不同，工匠会进行筛选和分类。面对大堆天然的块（片）石，需要知道哪些石头可以用来砌筑墙角做墙角石，哪些石头可以作为墙体横向和纵向压缝用的过江石，哪些石头可以用作调整墙面平整度的照面石，哪些石头仅可用于墙体的填充石。对于有经验的石匠师傅来说，选材好像很简单，常常只需端详一下石料，就能明白这些石头用场，但这却是经验积累的结果。除了石头外，对于建碉来说，黏土也非常重要。黏土的成分值得仔细研究，碉寨墙体就是用片石和当地特有的一种富含硝的黏土砌成。

（三）打地基

　　碉楼的地基需要在修建前挖掘好，并且一定要挖至坚硬的山石处。将地基平整之后，需要确定好建造碉楼的外形，以便配合材料的准备，然后开始铺设基础。以现存的碉楼来看，基座需要用硬度较佳且面积较大的石块铺设。基座之上一二米的墙体也采用较坚硬的大石块堆砌，因为碉楼的墙体一般很厚实，达到一米以上，这种用料不仅让碉楼有很好的承载力，厚实的墙壁也是其屹立千年的秘诀

丹巴石碉底部的大石块·张秋银摄

所在。

　　修砌高碉时，基础是重中之重，匠人们手工挖到坚硬的岩石层，需放上巨大的石头做基础后，接着铺上一层用水调匀的泥土作为黏合剂，在泥土上安放一层巨大条石，再在大石上铺上一层黄泥，然后选用适当的小片石填充缝隙，每块小片石之间用泥土黏结，之后的第二层大石必须叠压在第一层大石交汇的缝隙上，同时要照顾到横向的叠压关系。一层层向上叠压，到达一定的厚度之后地基才算打牢固了。

（四）砌墙

关于墙体的堆砌，著名学者任乃强先生在《西康图经·民俗篇》中进行了详细描述："当时西康地区的各门手工行业中只有石砌技艺最为精巧，能用通常山坡上没有形状的破石乱砾砌墙垒屋，而且仅凭双手，不用斧凿锤钻，将乱石取来随意砌叠在一起；并且不引绳墨，就能使

圆如规，方如矩，直如矢，与地表垂直，不偏不倚。碉身还常常装饰着种种花纹，如褐色砂岩所砌之墙，嵌雪白之石英石一圈，或于平墙上突起浅帘一轮等。砂岩所成之砾，大都为不规则之方形，尚易砌叠。如果是花岗岩所成之砾，多为圆形卵形，居然亦能砌叠数仞古碉，即使西方工匠的钢筋水泥也巧不敌此。此种乱石建成的高碉，还能耐久不坏。曾经兵燹之处，每有被焚之寨碉，片椽无存，而墙壁巍然未圮。有的碉虽然已有树木自墙隙长出，已可盈把，但墙还很坚固，并未倒塌。"任乃强先生强调"八角碉虽仍为乱石所砌，其寿命常达千年以外"，因而是"西番建筑物之极品"；并且八角碉是"最坚之碉"，由于八角碉俗呼"八角楼"，因而"康定、雅江道中之八角

楼，即以此碉得名"。

细看高碉的片石结构，石头与石头之间形成"品"字形，绝无二石重叠现象，每一层大石四周都镶有一圈小石，每一层大石和小石都形成流畅的线条，每隔一米左右会用木材作为墙筋镶嵌在片石之间。这种砌墙方式，无疑使得墙体十分牢固。

土碉则以土为建筑材料，汶川当地民众称垒土技艺为"夯土"。最新的考古发现，夯土造屋早在殷商时代就有了。夯筑前工匠会在砌好的石墙基础上安放、固定好墙板，倒入黄泥土后开始夯筑，并逐层分段叠加。夯筑时，先使用圆形石夯按梅花状式（顺序为上、下、左、右、

精「碉」细琢

——藏羌碉楼营造技艺

饱受岁月侵蚀的汶川县布瓦黄土碉·刘波摄

中）夯筑，一遍又一遍地夯筑墙板里的黄泥土；然后使用方石沿着墙板壁夯筑，使墙体边缘夯筑牢固；接着，用木夯将捆绑有绳索或木横杆的地方，特别是将墙板边的黄土筑紧密、平整，使其不出现气孔、沙眼。如此垒土而上，土固而碉成。

（五）内部设计

碉楼内部为木楼梁、木楼欠、楼面、独木梯四个部分。楼梁双向安装在碉中部有墙筋的地方，楼欠一头接于

丹巴县中路乡一座四角古碉内的独木梯·刘波摄

楼梁之上，一头伸入墙体内，为墙承受一部分重量。楼欠一般铺木板、木柴或树桠枝，再覆盖泥土夯实，和民居楼面及屋顶的做法大同小异。每一楼层高约3米，楼层与楼层之间需留出楼梯口，安装独木梯以供上下。

（六）封顶

墙体修筑到一定高度之后就需要封顶了，藏碉与羌碉顶部的造型与做法略有不同。以丹巴碉楼来看，其高碉与

有四角月牙形封顶标志的丹巴藏碉和民居·李永安摄

藏房的顶层完全一致，均有特色十分鲜明的四角月牙形作为标志。

碉楼顶层在低处的墙角留有一个小口，用来流放积水。而羌碉的顶部常是圈椅式或退台式的。

二、碉楼营造的主要技术

（一）"收脉"

石碉、土碉、土石碉，时至今日依旧棱角分明、坚韧挺拔，全依仗"收脉"技艺。

墙体收脉一般是指外墙从下至上逐步向上收敛，而内墙则呈垂直状。碉楼基本上是墙承重，无论是石砌或是土夯墙的碉楼，内部空间跨度极少有超过5米者，一般都在4米左右。因此，各楼层和楼顶的梁两端，都穿搁在墙上，楼内荷载都由内外墙承担。碉楼墙身极高，自重、承重都大，自然需要加厚墙基，形成收脉，以至有的碉楼顶只有簸箕大面积。碉楼楼层高，基座要承载极大的重量，这种情况下需要很坚实的基础承载重心，以保证碉楼的稳固性。

收脉的主要目的就是减轻墙体的自重、降低碉体本身的重心和增加墙体由外向内的支撑性。外墙体收脉的比

丹巴碉楼底部满身斑驳的石头「老人」·蔡威摄

逐渐收脉外观呈梯形的丹巴四角石碉·蔡威摄

例，均视其高度而定，而各地碉楼的收脉比例不是一成不变的，均根据当地匠人的经验而定，但差异并不大。举例来讲，如果一座碉楼高度为40米，墙体底部厚度1.8米，顶部厚度控制在0.5米，那么，下部和上部的厚度差为1.3米，

汶川县威州镇布瓦羌寨14号黄土碉·蔡威摄

将1.3米除以40米，其收脉比为0.0325:1。也就是说，外墙体每增长1米，则向内收3.25厘米。一般来讲，碉楼越高，墙体基部就越厚，是成正比的。

（二）墙体的堆砌

墙体收脉是碉楼修建的重要诀窍，碉楼墙体的堆砌与收脉是密不可分的，但收脉只是其技艺之一，墙体的堆砌也大有学问。

碉楼修建是不搭设外脚手架的，工匠均在内墙里堆砌墙体，其墙体的平整度由工匠站在墙上由上往下观察相关位置来控制。这种堆砌方式称作"反手砌"。他们能够在无法吊线、无法正眼观察砌体外照面的情况下，准确把握每一段墙体的收脉度。在反手砌的过程中，工匠很注意上下石块的位置，要呈"品"字形，不能对缝，在必要的时候要选用特别长的石头作为"过江石"来调节和加强石块上下层之间的错缝关系和叠压关系。

墙体转角的部分尤其考验堆砌技艺。因为多角碉楼除多个阳角外还有多个阴角，因而对石料的选择要求高于其他部位，须保证至少两个和两个以上的照面。工匠会先将碉楼的几只角固定好，转角的横向角度必须准确，误差不能超过1—1.5度，并需保证每一个角和全部转角的收脉系数基本统一。待位置确定好后，工匠一般采用较为平整或敲打加工平整后的大石块作为重要转角处的石头，再辅之小石头堆砌，用泥土与水搅拌的泥浆黏接彼此，大石块之间的缝隙用碎石块和泥浆填充。待观察收脉度是合理的之后，再开始填充这一层石块。

汶川县威州镇布瓦
羌寨石碉·蔡威摄

墙体的堆砌不能操之过急，因为石块与石块的黏合采用的是黄土泥浆，不像混凝土速干且黏合度强。因而在堆砌的过程中，常分段施工。如西南交通大学季富政教授在《中国羌族建筑》中指出："碉楼一般采取分层构筑法，石砌与土夯都如此。当砌筑一层后，便搁梁置桴放楼板，然后进行第二层，再层层加高。每加一层要间隙一段时间，待其整体全干之后方可进行上一层的砌筑。原因在下层若是湿土润泥，或石泥尚未黏合牢固，那么，无法承重压力，上下层必然坍塌。所以碉楼或住宅要砌多年方可竣工。"除了等待墙体干燥外，因横断山脉地质结构复杂，要确保碉楼修建过程中有问题能及时补救，所以会观察其在自然状态是否有异常。因而，碉楼的修建周期通常很长。

在堆砌中，还需要找平。所谓找平就是在墙体砌到一定高度时，进行一次水平检测，如发现有较大误差，就及时调整。当时，没有测定水平的工具，大都采用以容器盛水的办法来进行观察和测定。只要碉楼的每一层找平层的水平面控制住了，那么碉楼无论建得再高，它与中轴点的垂直度都会得到保证。

（三）加"墙筋"

加"墙筋"是增加碉楼承重的关键。虽然石头坚硬，

丹巴县一座石碉内墙的「墙筋」·蔡威摄

但也需要在墙体中加入木材作为"墙筋"。因为木质材料具有一定的柔韧性，可以分解墙体的一部分力。"墙筋"还具有重要的连接作用：石碉墙体是由石头堆砌的，在墙体转角处或石块较散没有大石块连接的地方，加入"墙筋"就能起到很好的连接作用。土碉中也有"墙筋"。

（四）内壁留孔

不论石碉、土碉还是土石碉，内墙上都有很多孔，且不像瞭望孔或射击孔与外界相通，其为修建碉楼时内部搭建支架所留。以石孔为例，石孔与石孔之间是相对的，也就是说同一个高度相对墙壁上的石孔都是一一对应的。黄土碉内墙的泥孔，有的被留存下来，有的则用泥土填充抹

丹巴县一座四角石碉内墙上用于搭建施工平台留下的石孔·蔡威摄

精「碉」细琢
——
藏羌碉楼营造技艺

汶川县威州镇布瓦羌寨黄土碉8号原始内墙上的泥孔已被泥土覆盖·刘波摄

平了。就石碉而言，从底层一直往上砌，不仅要靠当地匠人反手砌墙的高超技艺，同时也要有可以站立的地方，在完成一层之后又搭建另一层逐渐往上，这些孔便被留下来了。插入石孔的木材不会抵到石孔两端的底部，可以灵活撤出，便于逐渐向上搭建站立平台，直至封顶。当下，匠人依旧在采用这种方法，修建砖墙或石墙时，如果没有足够高与合适的支架辅助，匠人就在墙体上搭建施工平台。

（五）加角

除碉楼墙体堆砌，加角也是碉楼营造中的独特技艺。碉楼有三角、四角、五角、六角、八角、十二角、十三角等形状，角越多碉楼的修建难度就越大。四角碉比较普遍，五角、六角、八角、十二角、十三角等修建难度较大，但碉楼的承重能力和分解重力的能力也更强，角多的

丹巴县梭坡乡五角碉楼的第五角·刘波摄

碉楼稳固性和承重力更强，因此，很多五角、六角、八角碉楼能够在岁月的长河中保存下来，经受千百年的风霜仍屹立不倒。

碉楼墙体外部的加角技术，运用在五角及五角以上的碉楼上，主要是强化技术保障，体现在纵、横两个方面。纵向上，每增加一个角就增加了一根变形的斜向支撑柱，提高了碉楼的稳定性；横向上，在墙体横截面上形成了多道匝状三角形，三角形具有较强的稳定性，因此从横向上也提高了碉楼的稳定性。

（六）"鱼脊背"技艺

羌碉最显著的特征是外墙体的"鱼脊背"造型。"鱼脊背"造型是羌族先民在建造碉楼的过程中，总结提炼出来的一种独特的砌石技艺。它最初运用于民居建造之中，是克服地基承载力的有效做法，类似于五角碉楼"山"字形墙面。但是，它的具体做法与五角碉楼的"山"字形墙面又有明显差异。

"鱼脊背"做法有两种，一种是"干棱子"的"双鱼脊背"做法。工匠砌筑墙体时，从两墙角处开始起弧，及至墙中时渐收，在双弧线交会处起一道夹角，当地人称"干棱子"。这种造型，与鱼的脊背十分相似，故取名为

汶川县布瓦羌寨龙山9号六角石碉·张秋银摄

"鱼脊背"，其作用有三：一定程度上减少墙体自重，减轻地基荷载；通过起弧平衡碉楼内部的圆形薄壳结构所产生的张力；体现了羌族人民的艺术审美、艺术感染力，并在外观上与藏族碉楼区别开来。

另一种是整个墙面只起一道弧的"单鱼脊背"。遗

「碉」栏玉砌：藏羌碉楼营造技艺

存的羌族碉楼，很多都是单鱼脊背做法，例如茂县黑虎羌寨碉中的六角、八角、十二角碉甚至四角碉楼都有这种做法，桃坪羌寨的两座四角碉楼因其背面均起了两道鱼脊，中间有一道"干棱子"，所以又称之为五角碉。

（七）楼板的铺设

碉楼的楼层以多根整木作为基础支撑，在铺设第一层的时候，将圆木嵌入墙中。有的石碉堆砌石柱作为第一层木材的支撑点，这样楼层楼板才稳固。石碉在砌墙的时

丹巴县梭坡乡路旁将石块嵌入墙体充当步梯·张秋银摄

石碉内连续支撑几个楼层的石柱以及嵌入墙体的楼层木材·蔡威摄

汶川县威州镇布瓦羌寨黄土碉内楼层楼板支撑圆木嵌入墙体·蔡威摄

丹巴县一石碉从内墙伸出的作支撑用的木板和石柱·蔡威摄

候，会从石墙中延伸出一块较大的石头，作为这一层楼层的着力点之一，一般选用较为平整的石头，例如丹巴县的四角石碉。从石墙中伸出的石块，要有很强的承载能力，不然会影响楼层的承重。土碉多为将支撑楼层的木材嵌入土墙中。

楼层的铺设一般以长度和大小适中的圆木作为第一层，具体铺设多少根或者如何铺设多是根据面积大小来确定。第二层铺设相对较细小的木材，一般为圆木棍，这一层则是密集铺设，最终形成一个平面。第三层主要铺一些细小的草木或树叶。第四层将混合土、水、树叶、草、小石子等材料的"混凝土"铺展，平整夯实，等待泥土干透凝固之后即完工。不论是民房的修建还是碉楼楼层楼板的修建，过程大都如此，用材用料上没有固定的要求，只要能够使用、实用即可。

丹巴县中路乡一座石碉内部已破损的楼板·蔡威摄

丹巴县中路乡一座被修缮后的碉楼内况·蔡威摄

精「碉」细琢
——藏羌碉楼营造技艺

汶川县布瓦羌寨一黄土碉内的实木梯·蔡威摄

　　如今，一些被修缮或重建的碉楼，有的是采用原有的技艺，有的则结合当下的材料和工艺。汶川布瓦黄土碉在"5·12"汶川特大地震中损毁严重，汶川县文物局就对当地黄土碉进行不同程度的修缮，其中有一座土碉修缮力度较大。修缮后的碉楼内部楼层统一采用大圆木铺设，第二层采用厚实且加工平整的木板，楼层平坦干净，和当地的土坯房完全不一样，内部采用实木结构的框架楼梯，取代了传统的独木梯。

　　丹巴县中路乡一座石碉也因"5·12"汶川特大地震影

响，碉楼顶部的墙垣垮塌，将本就年久失修的楼板砸毁，之后这座碉楼旁的农户将碉楼内部按照当地房屋修建的工艺将碉楼楼层重修，楼顶墙体部分采用石灰作为黏合剂，封顶楼层在木材与黄泥混土夯实的楼层之上又增加了一层混凝土，并加设排水管道。在碉楼顶部可以环视四周，可以观看到周围的民房和周边的碉楼以及墨尔多神山。为了便于游客参观，还在每个楼层加装了一架铁制梯子，一旁的独木梯子也是新做的，只是摆设。当地很多人因为旅游热潮，纷纷将自己家周边的碉楼修缮或利用起来，收取"门票费"俨然成为新型"家碉"。

丹巴县中路乡一「家碉」入口·刘波摄

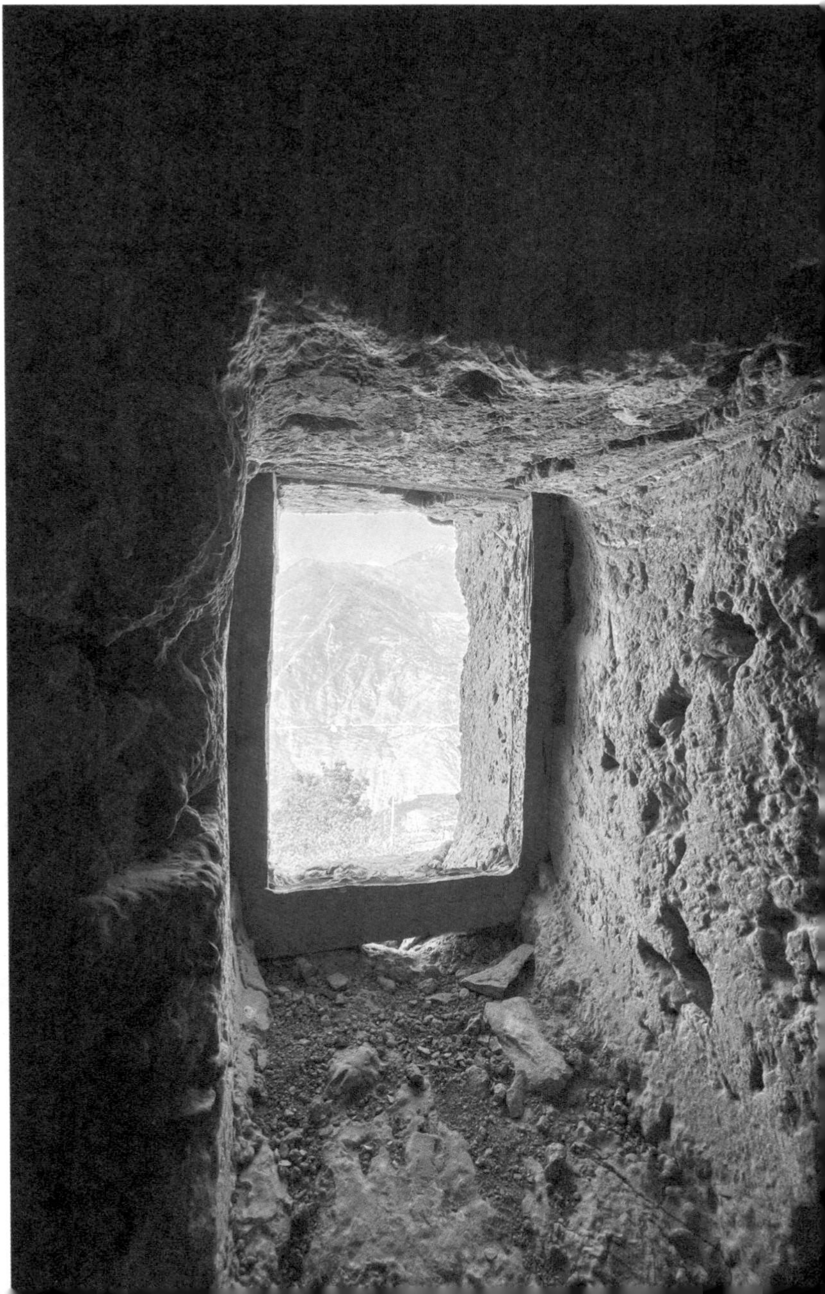

汶川县一黄土碉内的射击孔·刘波摄

精『碉』细琢

——藏羌碉楼营造技艺

丹巴县中路乡的一座古碉楼和新建藏式民房·蔡威摄

三、碉楼营造技艺的传承人

当下，藏羌人民生活的地方已经没有专职建造碉楼的工匠了，修缮和新建碉楼的师傅是当地的普通石匠，他们平常以为当地人修建民居为生。新建的碉楼也是传统碉楼的样式和结构，但采用的材料和修建工具都很现代。传统碉楼营造建材简单，就地取材。在川西北高原，人们还延续着传统的石砌技艺。

（一）宝来

宝来，1952年生，男，藏族，丹巴县梭坡乡莫洛村人，农民，石匠。藏族传承人——四川省非物质文化遗产石砌技艺代表性传承人。

2021年7月，丹巴县文旅局邀请宝来为县里的一些石匠师傅和年轻人培训石砌技艺。当日，我们到梭坡乡拜访宝来。

宝来·张秋银摄

宝来介绍：

　　我做了40多年的砌石建屋的事情了，大大小小参与了100多座房子的修建。我的石砌技术不是跟着具体某个师傅学习的。1965年我们县发洪水，河坝被冲坏了，县上就动员大家重新修建河坝。我是那时候开始跟村上的老人们学习砌石的，给老人们搬石头、送泥浆，看着他们砌，自己也学习了，后面就自己开始砌石头了，我家的房子就是跟

丹巴藏碉的墙面·刘波摄

别人换工建的。

当地很多石匠师傅都没有固定的老师，一般都是跟着上一代人干活，在干活的过程中学习，石砌技艺则是在不断的实践中累积的。

修建碉楼和修建房屋有相似性，也有独特之处，宝来有自己的看法：

高楼万丈平地起，修建碉楼要先挖基础，挖到硬的地方就用规则的大石头铺好，不平整的地方用小石铺。其砌石材料、技艺与修房子差不多，房子的墙厚度大概是0.5米，碉楼的墙要厚得多，至少有1米。广义上，碉楼的修建和民房的修建也没有很大的区别，比如现在民房动工时要拜神，碉楼是几百年前建的，可能也要做仪式。碉楼的层数是按照高矮来定的，比如四角碉楼里四面墙有一个凸起的角，我想这些凸起的地方是为了搭建木头。因为修建碉楼越往上难度越大，所以修建时用独木梯来辅助，一层最高就是2.8米。碉楼一般是四角，建的时候先是两个墙角搭建木头，独木梯上去修建另外的两个角，这样交替修建。碉楼收脉跟修房子是差不多的，但是碉楼的收脉有点大，先修墙脚，四脚砌得离地面高度一致后吊坨，如果是直的话就不行，必须收脉，收脉的幅度为2厘米每米左右，然后开始逐渐往上收。莫洛村就有一个斜碉，之前有人上去用吊坨测量过，垂直线吊下来斜度有1.5米左右，现在用吊坨收脉，以前可能是用绳子挂一个石头。

除了吊坨，川西北高原的藏羌石碉修建都需要石材和黄土，也需要木材来搭配。

宝来说：

修建碉楼还需要很多木材，通常用很多根木材排起来做墙筋。民房的墙筋一般由本地的柏杨、杨柳、杉木组成。碉楼的楼板一般都是用黄泥，先放大木头，再放小木头，铺一层高粱秆，最后倒上稀泥。只算泥巴的话，楼板差不多有15厘米厚。碉楼有高矮，其高矮取决于石材的质量。修建碉楼的石头和泥巴就地取材，判断石材的好坏用锤子敲打一下就晓得了。地震的时候没有倒的碉楼用的就是好石头，石材不好的会倒塌。倒塌或破损的碉楼县里也会组织维修，我维修过我们莫洛村的那个五角碉，有20多米，旁边有一户人家修了两层楼，二楼靠近碉楼的门，搭了一座梯子进去。那座碉楼有7层，它面向西方的角是垮了，另外的角也快垮塌了。2003年，我们背着石头上去维

丹巴县梭坡乡莫洛村
一座碉身倾斜的四角
碉楼·刘波摄

修，和修房子一样砌泥、砌石。

（二）杨景义

杨景义，1970年生，男，羌族，茂县黑虎镇小河坝村黑虎寨人，农民，石匠。羌族传承人——阿坝藏族羌族自治州碉楼营造技艺代表性传承人。

对于碉楼和民房的修建，杨景义有自己的看法：

修碉楼要先把基脚挖好，要挖三四米深，宽度为一米二三。要把基脚弄平，泥巴调起了（指将建筑所用的泥浆搅拌好），石头准备起了，打基脚的时候要请"端公"（即释比）准备好香蜡纸来请"地门龙神"，要敬"地门龙神"。开始修的时候，先建门，修一米多就要开始装斗窗，斗窗外头小里头大，方便光进来，以前也是用来防敌的。

藏碉和羌碉的顶部的区别较大，藏碉顶的那个位置、楼门子下头安得有块木头，碉楼外收内不收，外部是一个整体的，不容易往一方倾倒。

碉楼和民房修法是有区别的，房子要拉线来看角度修，但是碉楼就不好吊线了，古时候也没得办法挂线吊线，只能凭自己的手艺来修。我们的手艺就是跟着老辈子（指长辈）学习的。

藏族的房子一楼搭的是木梯子，打的是楼板，二楼才住人。我们现在这里的房子就是平进平出，外头是石头砌的，里面装饰就不一样了。外头是泥巴和片石砌的，里头用水泥抹平以后，再用白瓷泥粉刷，粉刷完过后再做装饰。

黑虎羌寨有一座重建的四角碉楼，杨景义说：

修缮中的茂县黑虎羌寨的碉楼·杨永德摄

2012年，有一座碉楼坏完了，我们就在原来那个基础上重新建了一样形状的四角碉。牟托新建的碉楼就是我们去砌的，它里面用的是混凝土，砌的是石头和混凝土明墙。我们这边的修法就是用泥巴和片石。黄泥巴修的房子和碉楼在地震的时候有回力，混凝土就没得回力了。墙裂开就裂开了会有印子（裂痕），黄泥巴修的过段时间还可以回过来，就没得很大的印子。

茂县牟托羌寨新建的碉楼·刘波摄

［碉］栏玉砌：藏羌碉楼营造技艺

（三）藏族石匠刘少成

刘少成，1971年生，男，藏族，丹巴县巴旺乡光都村人，农民，石匠，光都村党支部副书记。刘少成的爸爸是汉族，妈妈是藏族，爷爷奶奶是长征时受伤留在丹巴养伤的红军。他自学石砌技术给别人修建房屋、堆砌石墙，后参加石砌技艺培训班。

2021年7月26日下午，我们在光都村四角碉楼前与他聊天，刘少成谈了他关于修碉的看法。

刘少成·张秋银摄

碉楼的修建第一是找好位置之后夯基础。越高的碉楼基础越深，一些碉楼的地基必须挖到原始岩层上，找到坚硬的地基，然后纯手工用黏土夯平。地基平整之后，就开始砌墙角。墙角需要用最好的石头，最大的、最平整的石头放一层，然后用小的片石把大石之间的缝隙填满，依次一层一层地往上建造。一层砌多高，修筑碉楼的大师傅是有脉法的。碉楼的缝隙需要黏土抹平，现在碉楼墙身表面有很多缝隙是因为黏土风化了，但是里面一点的还是能看到。碉楼外墙是不留缝隙的，主要是防止土匪之类的人爬上去，因为时间太久现在才变得凹凸不平。

　　建造碉楼的石头是有讲究的，得看硬度够不够，选时用锤子敲，易碎就不能用。听老人说，碉楼应该是土司的奴隶修建的，普通人家没有能力修。

　　建碉的工具有铁锤、牛腿骨做的铲子，铲子是用来舀黏土的。这些匠人的手艺太好了，他们不需要吊线，全凭自己的眼睛和手艺。不论几角碉，修建的脉法是一样的。听说建古碉时只有一个大师傅，其他的每人负责一个角，大师傅负责看大家的石头有没有放对位置。碉楼封顶时，先放梁木，再放一层草，接着放黏土，最后压实。封顶应该是有仪式的，但是具体的没有听老人说过。

丹巴县巴旺乡光都村
四角碉楼·蔡威摄

（四）尹正华

尹正华，1940年生，男，羌族，父亲是羌族，母亲是藏族，丹巴县太平桥乡人，丹巴县文旅局旅游宣讲员，羌族文化人——甘孜藏族自治州级非物质文化遗产"啦啦调"传承人，地方文化研究者。

2021年7月27日，我们与这位身体硬朗的老人家见面，老人家爽朗健谈，讲了很多关于藏羌民族的故事，说了许多关于碉楼的过去。

尹正华·张秋银摄

太平桥乡以前是有碉楼的，乾隆皇帝打金川的古战场就在三叉沟那个地方，几乎都被打掉了，现在还有30多个残碉和古碉遗址。远一点能看见残碉6个，这几个碉楼分别叫丹扎多基、丹扎巴萨陀、洒利、巴萨陀热拉咖夏、克拉利、拉布古。最古老的古碉大概有1200年的历史，最年轻的也有500年了。据说过去我们丹巴有3000多座古碉，但因为战争——乾隆皇帝打金川，现在仅留存有562座。古碉有5种，根据作用主要分战碉、烽火报警碉、官碉、界碉、家碉；以角来分有三角碉、四角碉、五角碉、八角碉、十三角碉。

现在新建的碉楼是仿造的。古碉工艺是非物质文化遗产，是过去劳动人民智慧的结晶，应该保护。

（五）当地村民汪明华

汪明华，1950年生，女，羌族，汶川县威州镇布瓦村人，农民。汪明华夫妻两居住在布瓦黄土碉旁边的土坯房中，2021年8月3日我们到布瓦做田野调查时，老人家热情地给我们介绍了黄土碉和自己家的老房子。

我们家的老房子有三百多年的历史了。修建土墙房的时候先要把石头脚基础上，再在上面打土。我们不用泥

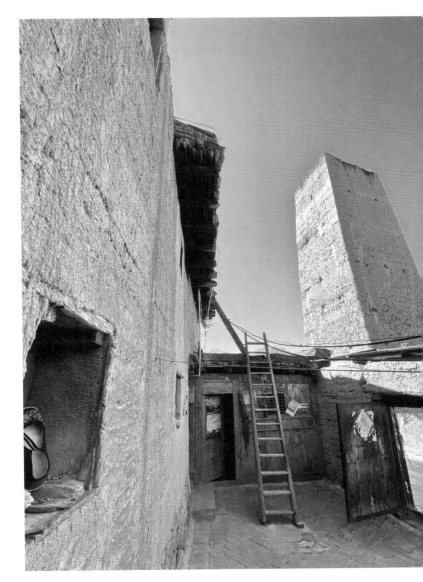

汪奶奶家院子屋旁的碉楼·蔡威摄

巴，因为土比较潮，不受力，被水泡了就容易垮塌，碉楼和房子以前是用独木梯上去的，现在没有用独木梯了。这些房子不容易垮，"5·12"汶川特大地震时有东西掉下来，毁坏了一些，后来维修过，房子上这些是后面做的板子，和以前做的板子不一样，以前的要薄一些。

楼板就是直接铺的板子，以前是木棍棍盖了泥巴的，现在用竹子，地震之后重修了（指着她家的老房子介绍道），后山有很多竹子，这些是之前的泥巴了，窗子那里都已经被熏黑了。因为冬天熏腊肉，生火取暖啥的，现在都翻新过，像大的木头都是以前的。盖房子的泥巴什么都没混，也有混东西的，有的是按照比例的，有石头、黄泥、石灰，但是我们这里这个什么也没加。

布瓦村的9号碉楼是在"5·12"汶川特大地震的时候倒的，之前碉的四个角都有风铃，风吹时会响。

肆

碉源流长：藏羌碉楼的价值与保护传承

藏羌碉楼在人类建筑史上独具风格。而今，遗留下来的藏羌碉楼在岁月长河中早已斑驳一身，大部分古碉楼已成残碉。目前，新建高碉已极少见，但碉楼营造的技艺在藏羌民居中还有保存和传续。

一、藏羌碉楼的价值

根据古今史籍的记载结合田野调查，藏羌碉楼具有多方面的价值，主要体现为民族文化、历史文化价值，建筑技术、建筑艺术价值，旅游开发价值等。

（一）民族文化、历史文化价值

历来史书对西南少数民族地区都有记载，但因古代当地实行羁縻或土司政策，使得中原对其并不十分了解。到清朝实行改土归流后，交流才有所加强但依然很少，到民国时期，内地还常以为康藏地区地广人稀，为"绝域荒外"。20世纪初到40年代，一些学者开始搜集藏羌等地的民俗资料，写成各种读本进行宣传介绍。此时，碉楼进入大众视野。碉楼以实物的形式展示了世居川西高原各民族源远流长的历史和内涵丰富的文化面貌。

可以说，碉楼是该区域各民族历史发展进程中，生

碉楼下起舞的嘉绒人·李永安摄

产、生活与文化的特殊见证。藏羌碉楼群的形成，经历了漫长岁月。如丹巴县古碉群从新石器时代到汉代羌人的南下，再到隋唐时期"西山八国""东女国"崛起以及清代乾隆年间大小金川地区的数年战争，碉楼见证了这些特定历史时期。1935年，中国工农红军长征途经丹巴地区时，曾经将一部分古碉楼作为指挥部、观察所等，可见当时红军也看中了碉楼的军事功能。

如今，我们从那些带着历史印记的碉楼可以反观兴建年代所有者（如土司）的状况；作为界碉的古碉矗立着，虽然后来与之相关的藏、汉文献不多，它们却忠实地说明

丹巴甲居红五军政治
部旧址碑·蔡威摄

修缮后的丹巴甲居红五
军政治部旧址·蔡威摄

了当时土司之间的界线，有存史、补史的作用。

碉楼也是历代民族文化交流与融合的见证者。横断山脉地区（从行政区划上看主要是川、滇、藏地区）修建碉楼的民族众多，这些地区常有石棺葬文化、本教文化等与之并行出现，说明了民族之间的文化交流与影响，对我们了解各民族的形成和相互关系有重要的启示。此外，碉楼有防御功能。清朝乾隆年间两次用兵金川，清除了大小金川的地方势力，重建了其在大小金川的统治秩序。有关乾隆帝派兵攻打金川的故事，至今在当地口耳相传，金川之

丹巴县两座相邻的残碉·李永安摄

战中碉楼发挥了至关重要的作用，战争结束后碉楼也为世人所知。

总之，碉楼集中反映了藏羌人民生活的地方从古至今的政治、经济、军事、文化、宗教、建筑艺术等各方面的发展；有着宗教、社会学、历史学、民族文化、中国乡土地理、建筑史等方面的重要价值。

2008年，藏族碉楼营造技艺入选国家级非物质文化遗

春到桃坪羌寨·任陶摄

产；2010年，羌族碉楼营造技艺入选国家级非物质文化遗产。

（二）建筑技术、建筑艺术价值

作为藏羌民族杰出物质文明的代表，藏羌古碉楼不仅丰富了中国西部民族古代建筑的类型，还充实了中国古代建筑史的内涵。

藏羌古碉群的建筑经验所反映的建筑技术，虽然朴素，却是当地人民社会实践的高度浓缩与总结，在世界建筑史上有着特殊的地位。

川西北高原藏羌人民生活的地方，凭借当地的人力、物力，修建如此数量众多、工程量巨大的碉楼，本身就说明了建筑技术的高超。虽然没有图纸、文字说明，但是，建筑技术的传统经验如关于建筑面积、层高、平基、划线、挖槽、砌墙、立柱等的安排与设计、具体施工等一系列的传统工艺，通过师带徒的方式传承。碉楼的结构，也契合建筑力学，这些挺拔高峻的多层建筑千百年来经历风雨、战争、地震考验至今仍屹立于横断山脉，是当今世界同类建筑中绝无仅有的杰作。

丹巴县中路乡一座立于农户庭院中的四角石碉·刘波摄

丹巴县守望山间的两座碉楼·李永安摄

川西北高原地质活动频繁，多地震、滑坡、泥石流等自然灾害，藏羌民族的工匠们在长期的建碉实践中，不断总结经验，设计了相应的防震、防寒、防风等抗灾措施，相对减轻了自然灾害对碉楼的损坏程度。比如碉底较大，加强了稳定性；各层的梁、椽子均穿置墙上，墙体的自重、承重较大，基墙一体，逐层收脉，下部收脉多于上部，起到了降低重心的实效，符合现代物理学、力学等原理，因而产生了较好的抗震效果。1933年，茂县叠溪发生

丹巴县梭坡乡一位石匠师傅与他的石砌小屋·刘波摄

了7.8级大地震，叠溪全城沉没，但是，附近的石碉却安然无恙；1976年，松潘县、平武县发生7.2级地震，距震中较近的羌碉却完好无损；2008年5月12日，与四川甘孜藏族自治州丹巴县距离较近的汶川发生了8.0级特大地震，除极少数古碉楼被震坏以外，95%以上的古碉楼安然无恙。古碉楼不仅经受住了自然灾害，在此之前，还历经过无数的烽烟战火，经世事流转，仍能巍然屹立，足见先民们巧夺天工的技艺。

此外，藏羌古碉群的建筑、分布、空间轮廓线等均具有较强的艺术性，颇具艺术、审美价值。

（三）不可多得的旅游资源价值

藏羌碉楼不仅是研究藏羌建筑、宗教文化信仰及民族文化交流、中国乡土地理等内容的活标本，也是不可多得的历史文化旅游资源。如丹巴县的中路乡、梭坡乡有"石碉露天博物馆"的美称，不少游客前来旅游观光。

丹巴之外，"两江一河"流域到处都有碉楼，这也是近年来川西北高原地区旅游热的一个重要"卖点"。可以说碉楼就是一部战争史、一部文化史，碉楼守护着藏羌民族的文化、民俗，守护着当地民众的土地、财产和生命。

此外，碉楼科学的选址使得其顺着陡峭的山势，巍峨挺立；碉楼由乱石砌成，有棱有角，墙面光洁、墙体平

丹巴县中路乡某民宿和一旁的碉楼·刘波摄

游客小朋友在丹巴县中路乡某民宿前堆砌的「碉楼」·张秋银摄

整，轮廓线清晰异常，极富美感；其高低不一、错落有致的布局，很和谐。碉楼与藏房、羌房、群山、绿茵田野互为呼应，相映成趣，空间性与层次感并重，构成了一幅幅立体感的美景，不仅成为藏羌人民生活的地方标志性的人文景观，而且与当地的人文、自然环境有机结合，浑然一体。自然美与人文美的有机结合，也使藏羌碉楼具有得天独厚的旅游价值。

丹巴春日梨花与独立
碉楼·李永安摄

二、藏羌碉楼营造技艺的保护与传承

藏羌碉楼具有多方面的价值，是后人体验藏羌文化及进行相关研究的宝贵资源和重要资料，是全人类共同的、不可再生的宝贵资源。目前藏羌古碉群已被国家列入世界

奔流而去的大渡河·
张秋银摄

丹巴县中路乡一座残损的碉楼·张秋银摄

文化遗产候选名单，但是，碉楼面临着两种致命威胁——一是时光的摧残，一是人为的损害。

（一）藏羌碉楼的保护

在时间和自然外力的作用下，土石结构碉楼的生命力是十分脆弱的。藏羌工匠为了增强碉楼的稳定性，发明出五角、八角乃至十三角的形制，但那也仅仅是在碉楼的短暂生命中求其"永恒"而已，并不能铸就金刚不坏之身。

2003年6月，丹巴最为古老的碉楼中的一座坍塌了。当地居民也因为不了解碉楼的重要文化价值，曾一度拆除其

石头和木料建造房屋，使古碉楼遭到了严重的人为破坏。

21世纪初期，川西北藏羌人民生活的地方的古碉楼受损已经十分严重。比如丹巴的古碉楼，从乾嘉时期的3000余碉，至清末民初的400余碉，再到现在的300余碉，三百年不到就毁损十之八九，其速度是十分惊人的。根据当地群众介绍，当年任乃强先生站在小金河边，向对岸的中路乡随便一数，就数出100余座古碉楼，可是现在我们深入中路乡各地调查，总共也只有77座。站在任先生当年数碉楼的地方，所能看到的高碉已经不到10座了。如果不加以保护，"碉楼"将成为"凋"楼。

（二）世界各国对藏羌碉楼的关注

20世纪初期，法国神甫舍廉艾是第一位发现藏式碉楼的外国人，他拍摄的丹巴高碉和丹巴天然石英壁画的照片第一次向世界展示了这一东方奇景。面对这异常雄伟而神秘的古老建筑，所有人的反应都如同他一样——失声惊叹、肃然生畏。但是，中国古碉楼与世界的此次见面并没有使其受到应有的重视，尽管如此，藏羌碉楼在历史上第一次走出了国门。

此后，近一个世纪里，不断有寻谜探险的外国人进入这片秘境，他们当中不乏有人如同舍廉艾神甫一样流连在

英国人亨利·威尔逊于1908年5月26日在四川省阿坝州汶川县境内拍摄的这幅黑白照片（是目前发现的世界现存的第一幅碉楼照片）

一座座古碉之下，用镜头捕捉它们高耸入云的身影，在游记里描述和惊叹这些雄奇建筑的精巧。但是，他们始终没能将藏羌碉楼完整清晰系统地展现在世界人民的眼前。

直到1992年的一天，舍廉艾神甫的同胞弗德瑞克·达瑞根（Frédérique Darragon）女士无意中发现这些耸立在风雨中的千年古碉，历史蒙在这些古老建筑上的神秘面纱才慢慢被揭开。达瑞根女士惊叹于它的巧夺天工，回国后开始搜集查找相关资料。但令人不解和遗憾的是，除了19世纪一些到过中国的西方旅行家的游记中有所提及，图书馆里并没有任何有关中国碉楼的详细文字记载。1998年，她再次来到中国，数进西藏和四川涉藏地区，与专家一起开始了对四川和西藏碉楼长达8年的研究考察。

《喜马拉雅的神秘古碉》封面①

达瑞根花费两年的时间于2001年摄制成一部名为《喜玛拉雅的神秘古碉》（ *Secret Towers of the Himalayas* ）的短片，并将该短片和部分碉楼图片寄与联合国教科文组织，联合国教科文组织世界文化遗产委员会表示，希望当地政府能将碉楼与四姑娘山捆绑申请文化与自然双遗产。这无疑对碉楼的历史和文化价值是一个莫大的肯定，同时也更加鼓舞了达瑞根女士为碉楼奔走的信心和热情。

同年她与一名中国合伙人王史波一道在美国注册成立

---

① 此为深圳报业集团出版的《喜马拉雅的神秘古碉》一书封面。

了育利康基金会（Unicorn Foundation），旨在改善发展中国家教育现状为2004年，其首批援助项目在中国西部（主要在四川涉藏地区）展开。该基金会将其资助范围扩大到文化遗产保护。

2003年，《探索》（Discovery Channel）开始关注丹巴碉楼，共以30万美元的价格购买了达瑞根女士拍摄的短片五年的海外播放权，在此基础上制作了一档为时30分钟的节目，于2003年11月12日在美国首播。达瑞根女士将收益全部投入基金会，用于当地公益事业。

通往茂县牟托羌寨的索桥·张秋银摄

2004年9月，达瑞根女士在成都向四川摄影家发出邀请，征选以碉楼为主题的作品，筹备在纽约举办的专题影展，向更多的西方人介绍中国碉楼，同时也希望以此吸引西方基金会投入保护和维修碉楼。12月，一场名为"中国历史遗迹摄影展"的影展顺利在联合国纽约总部举办，中国驻联合国代表王光亚出席。此后，还在巴黎、北京、成都、香港进行了巡回展出。

由于各界人士的努力，藏羌碉楼在世界受到越来越广泛的关注。数年来，有关川西北高原碉楼的报道屡见于各大国际新闻媒体，更有无数爱好者前往，在自己的游记里留下对碉楼的神往。他们将这些星形碉楼形容成"魔屋""通向天堂的塔"等。

（三）新时代藏羌碉楼的保护与传承

我国很重视对文化遗产的保护。从20世纪50年代开始第一次全国文物大普查，到80年代开启第一批申请世界遗产，再到21世纪，当现代化的迅速推进使文化遗产遭到新的威胁后，抢救和保护民间文化遗产成为国家重要议题。在此背景下，各级政府和文物保护单位开始了对藏羌碉楼的保护，从80年代开始就陆续有碉楼被列入省级或国家级文物保护单位。近十几年来，四川省文物部门及当地政府

茂县牟托羌寨灾后重建的祭祀塔与碉楼·刘波摄

为古碉群申请进入世界文化遗产名录进行了诸多努力。

藏羌碉楼文化的旅游开发引起了一些文化人士的忧虑，担心过快地将该地区开发为旅游胜地会破坏古迹，但古碉楼的保护离不开当地群众，只有当地群众在古碉楼的保护开发中获得利益才能更好地调动民众的积极性。通过文旅发展促进碉楼文化的保护传承，加强民众对碉楼文化的理解和认识，在文旅发展中实现文化与经济的双赢。

目前而言，关于碉楼的保护开发仍不够，更多的是维护，旅游则止步于欣赏外观和内部攀爬体验，当地也尚

丹巴县巴旺乡光都村
文化广场·刘波摄

未形成系统的文化旅游开发模式，造成一些碉楼成为新型"家碉"。在碉楼文化旅游开发中，可选择一两座碉楼进行立体文化发掘，将有关碉楼的历史史实、故事传说、营造技艺、审美价值等结合起来；同时，进行碉楼旅游产品的开发与售卖，推动碉楼周边产业经济，将碉楼文化以旅游的形式传播。

再者，培养传承人，让碉楼营造技艺继续在民房修建中传续文化基因也是碉楼文化保护与传承的重要方式。

碉楼的修建与当地的自然资源紧密相关，该地域的石头和黄泥土都可以成为很好的建筑材料。如丹巴县地处大渡河上游，无论是山上还是大渡河河道都有很多石头，特有的黄泥土混水搅拌而成的泥浆凝固之后较为坚硬，这为碉楼营造奠定了物质基础。在交通不便、资源匮乏、生产力低下的年代，这样的资源对于当地人来说是大自然最好的馈赠。因为大渡河河水湍急，河道遍布巨石，山下也没有适合饮用的水源以及日常生活所需的柴火等物资，所以先民选择在山上或半山腰处定居。不过，随着社会的发展，交通越来越便捷，山下也开始修筑公路，人们逐渐搬迁到大渡河沿岸生活。这种居住方式也让碉楼在人们的日常生活中淡去。

当下，新建的碉楼多是因为风水或旅游宣传，某种

丹巴碉楼与民居 · 张秋银摄

意义上碉楼营造技艺已属于濒危技艺。比如夯土营造技艺在当下就很少使用了，因为土坯房虽然冬暖夏凉、经济实惠，但正被社会逐渐淘汰，人们纷纷修建或购买干净明亮的砖瓦房。相比较而言，石砌技艺还有很强的实用性，但也存在一个问题，学习或精通石砌技艺的人，大部分是四十岁以上的男性，很少有年轻人学习。

幸而碉楼营造技艺与民居一脉相承，尤其石砌碉楼营造技艺仍在民居中得以运用。为推动文化遗产的保护，当地有意识地培养传承人，石砌技艺就有省级和自治州级代

丹巴县中路乡正在砌石墙的石匠师傅·张秋银摄

冰雪寒霜中傲立的丹巴石碉·李永安摄

表性传承人；当地也会举行石砌工匠培训班，旨在把这一技艺传承下去，继续在民间建筑中发挥其作用，传承这古老的营造技艺。

　　近年来，人们运用修建藏羌民房的工艺，利用现代化工具建新碉。时人正在从技艺中保存属于藏羌民族的记忆，并通过民房修建传续这一文化基因。

参考书目

一、论著

任乃强：《西康图经·境域篇》，南京新亚细亚学会，1933年。

任乃强：《西康图经·民俗篇》，南京新亚细亚学会，1934年。

任乃强：《西康图经·地文篇》，南京新亚细亚学会，1935年。

梅心如：《西康》，正中书局，1934年。

吴德洵：《章谷屯志略》，同治十三年（1874），1936年抄本。

庄学本：《羌戎考察记》，上海良友图书公司，1937年。

李亦人：《西康综览》，左永泽、郭宇屏校订，正中书局，1941年。

刘赞庭：《（民国）丹巴县图志（附倬斯甲）》，

1960年民族文化宫图书馆油印本。

刘赞庭：《（民国）康定县图志》，1961年民族文化宫图书馆油印本。

翁独健主编：《中国民族关系史研究》，中国社会科学出版社，1984年。

格勒：《甘孜藏族自治州史话》，四川民族出版社，1984年。

四川省编辑组编：《四川省甘孜州藏族社会历史调查》，四川省社会科学院出版社，1985年。

吕思勉：《中国民族史》，中国大百科全书出版社，1987年。

黄崇岳编著：《中华民族形成的足迹》，人民出版社，1988年。

叶启燊：《四川藏族住宅》，四川民族出版社，1989年。

四川省档案馆、四川民族研究所编：《近代康区档案资料选编》，四川大学出版社，1990年。

阎崇年主编：《中国市县大辞典》，中共中央党校出版社，1991年。

扬先朗布编：《墨尔多神山志》，格桑曲批翻译，四川民族出版社，1992年。

中国考古学会编：《中国考古学年鉴·1991》，文物出版社，1992年。

康定民族师专编写组编纂：《甘孜藏族自治州民族志》，当代中国出版社，1994年。

金川县志编纂委员会编：《金川县志》，民族出版社，1994年。

四川省阿坝藏族羌族自治州小金县地方志编纂委员会编纂：《小金县志》，民族出版社，1995年。

四川省康定县志编纂委员会编纂：《康定县志》，四川辞书出版社，1995年。

李绍明：《李绍明民族学文选》，成都出版社，1995年。

四川省《理县志》编纂委员会编纂：《理县志》，四川民族出版社，1997年。

四川省阿坝藏族羌族自治州茂汶羌族自治县地方志编纂委员会编：《茂汶羌族自治县志》，四川辞书出版社，1997年。

甘孜州志编纂委员会编纂：《甘孜州志》，四川人民出版社，1997年。

关荣华：《四川少数民族传统文化与教育》，四川大学出版社，1997年。

李绍明编著：《羌族历史问题》，阿坝州地方志编纂委员会，1998年。

（清）李心衡：《金川琐记》，阿坝州地方志编纂委员会，1998年。

杨嘉铭、任新建、杨环：《中国藏式建筑艺术》，四川人民出版社，1998年。

中国政区大典编委会编著：《中国政区大典》，浙江人民出版社，1999年。

王文光：《中国南方民族史》，民族出版社，1999年。

任乃强：《康藏史地大纲》，西藏古籍出版社，2000年。

季富政：《中国羌族建筑》，西南交通大学出版社，2000年。

陶伟：《中国"世界遗产"的可持续旅游发展研究》，中国旅游出版社，2001年。

阿坝藏族羌族自治州马尔康县旅游文化体育局、阿坝藏族羌族自治州马尔康县文化馆编：《绚丽多彩的嘉绒藏族文化》，四川民族出版社，2003年。

秦和平、赵心愚编：《清季民国康区藏族文献辑要》，四川民族出版社，2003年。

孙明经摄影、张鸣撰述：《1939年：走进西康》，山东画报出版社，2003年。

丹巴县：《美人谷·丹巴》（大型摄影画册），中国摄影出版社，2003年。

杨嘉铭、杨艺：《千碉之国：丹巴》，巴蜀书社，2004年。

阿绒甲措、噶玛降村、麦波主编：《藏族文化与康巴风情》，民族出版社，2004年。

牟子：《行走丹巴美人谷》，湖北美术出版社，2004年。

弗德瑞克·达瑞根（Frederique Martine Darragon）：《喜马拉雅的神秘古碉》，深圳报业集团出版社，2005年。

张国雄：《开平碉楼》，广东人民出版社，2005年。

格勒：《藏族早期历史与文化》，商务印书馆，2006年。

杨海青主编：《阿坝州非物质文化遗产集锦》，阿坝州政协文史和学习委员会，2010年。

石硕、杨嘉铭、邹立波：《青藏高原碉楼研究》，中国社会科学出版社，2012年。

二、论文、报刊

庄学本：《丹巴调查报告》，《康导月刊》1938年第7期。

王寿昌（第9代巴底土司，藏名尼玛汪登）、巴登口述：《清末民国年间丹巴县的封建土司制度》，《甘孜州文史资料》1982年第1辑。

杨嘉铭：《四川甘孜阿坝地区的"高碉"文化》，《西南民族学院学报》1987年第2期。

格勒：《古代藏族同化融合西山诸羌与嘉戎藏族的形

成》，《西藏研究》1988年第2期。

周晓阳：《丹巴羌族的来历与演变》，《甘孜州文史资料》1993年第13辑。

余玉晃：《世界最大的碉楼"博物馆"》，《广东史志》1999年第3期。

凌立：《丹巴嘉绒藏族的民俗文化概述》，《西北民族学院学报》2000年第4期。

余沛连：《风雨碉楼》，《华夏人文地理》2001年第6期。

甘艾丹：《四川丹巴古碉越千年》，《人民日报》（海外版）2002年10月23日第6版。

管祥麟：《羌族奇景碉楼》，《民族论坛》2003年第3期。

杨云：《神秘的古堡和石榴花》，《四川日报》2003年6月20日第10版（第18225期，"蜀风"栏）。

周小林、杨光成、吴就良等：《中国碉楼群：旖旎的"城堡"》，《民间文化旅游杂志》2003年第6期。

徐学书：《川西北的石碉文化》，《中华文化论坛》2004年第1期。

《千碉之国丹巴古碉》，《华西都市报》2004年4月22日第26版。

杨环：《试论藏族建筑文化的特殊性》，《中华文化论坛》2004年第4期。

李华：《斜阳旧影话碉楼》，《建筑知识》2004年第6期。

林俊华：《为大清戍守边防的丹巴羌族》，《阿坝师范高等专科学校学报》2005年第2期。

琳达：《"神秘的东方古堡"——桃坪羌寨》，《建筑知识》2005年第6期。

兰俊：《我省碉楼保护受关注》，《四川日报》2005年7月7日第7版。

陈波：《作为世界想象的"高楼"》，《四川大学学报》（哲学社会科学版）2006年第1期。

黄培昭：《历史遗产与文化名片》，《人民日报》2006年4月4日第16版。

宋兴富、王昌荣、刘玉兵等：《丹巴古碉群现状及其价值》，《康定民族师范高等专科学校学报》2006年第4期。

李舫：《保护文化遗产 守护精神家园》，《人民日报》2006年6月9日第8版。

李锦、陈学义、陈卓玲：《青藏高原石砌技艺传统与石碉起源——对甘孜州丹巴中路乡罕额依村的分析》，《民族学刊》2017年第6期。

石硕：《隐藏的神性：藏彝走廊中的碉楼——从民族志材料看碉楼起源的原初意义与功能》，《民族研究》2008年第1期。

石硕：《"邛笼"解读》，《民族研究》2010年第6期。

石硕：《青藏高原碉楼的起源与本教文化》，《民族研究》2012年第5期。

红音：《嘉绒藏族碉楼考察与思考》，《西南民族大学学报（人文社会科学版）》2014年第8期。

陈琳汾：《里斯本大航海时代的记忆——贝伦塔和热罗尼莫斯修道院》，《海洋世界》2016年第10期。

赵力军：《开平碉楼》，《走向世界》2021年第51期。

后　记

　　与藏羌古碉楼结缘，始于2006年。那时四川大学的舒大刚教授主持的一个项目，需要调研四川民族地区的民居、民俗等，我作为成员之一，曾到小金县、丹巴县、康定县、道孚县等地进行调研考察，当时被当地的古碉楼所吸引，拍摄过大量照片，采访过当地的藏、羌族居民，就碉楼及相关的民俗风情等情况进行过调查，并形成调查报告。2008年春季，我再次独自深入藏羌民族地区进行实地调查，较广泛地听取过相关地区尤其是丹巴县城、中路乡、梭坡乡等地居民关于古碉的看法，同时与部分相关部门的政府工作人员进行了交流，调研之后发表过与藏羌古碉相关的学术成果。

　　2020年我有机会加入"巴蜀造物"丛书的编纂，借此机会，我将有关藏羌古碉的内容重新整合，以此致敬巴蜀少数民族地区的工匠，也借此向读者展示四川各民族文化交流交往与交融的历史。我邀请了西南民族大学的博士研究生蔡威、硕士研究生张秋银二人加入了课题组，2021年7月，课题组再次去甘孜藏族自治州和阿坝藏族羌族自治州进行实地调查。数易其稿，我们既综合了古今文献记载，又整合了最新调查数据，最终完成本书。

书稿的完成，离不开大家的关心和帮助，非常感谢各位受访者，他们的名字已写入书中，还要特别感谢给我们提供了帮助的下列人员：

四川省阿坝藏族羌族自治州金川县委党校常务副校长任朝琼女士，她毫无保留地将自己找到的资料和图册悉数寄给我，还积极为我们联络藏羌碉楼方面的专家、学者、非遗传承人，使我们在文献和采访方面大受裨益；感谢金川县著名摄影家代永清先生提供的照片；感谢丹巴县文化馆馆长兰坎布，丹巴县文旅局工作人员泽郎、王结，丹巴县文化馆工作人员顿珠，感谢丹巴县融媒体中心工作人员冯顺杰、丹巴县格什扎镇政府工作人员李永安提供照片支持；感谢汶川县布瓦村支部副书记汪小勇，感谢汶川县文物局局长尕让秀；感谢茂县黑虎羌寨锣鼓传承人杨友德老先生，感谢茂县融媒体中心的何清海先生。

还要感谢向我们提供情况与交流的以下人员：丹巴县城居民舒定祥（丹巴土生汉族，也就是定居当地汉族的第三代，生育有子女四人）、兰玉剑（丹巴羌族）；中路乡益西桑丹（丹巴土生藏族，下同）家：益西桑丹及其女噶西珠；中路乡克格依村康罗布（康波）家：康罗布及其儿子、儿媳；帕康罗布家；梭坡乡莫洛村格鲁占波交家：家长格鲁占波交及其妻子，儿子格鲁拥交；梭坡乡政府农机干部策汪丹增；丹巴县大渡河水文站江工等。

感谢为本书提供了图片的各位朋友。

感谢西南民族大学在读硕士研究生袁蝶。

本书在撰写过程中，一直得到四川省民间文艺家协会相关同志及四川人民出版社责编邓泽玲同志的支持和帮助，在此一并致与谢忱。

由于水平有限，其有不妥之处，望识者不吝正之。

刘　波

图书在版编目（CIP）数据

巴蜀造物：精"碉"细琢：藏羌碉楼营造技艺 / 刘波, 蔡威,
张秋银著. -- 成都：四川人民出版社, 2024.1
ISBN 978-7-220-13533-0

Ⅰ.①精… Ⅱ.①刘… ②蔡… ③张… Ⅲ.①藏族—
民居—建筑艺术—四川②羌族—民居—建筑艺术—四川
Ⅳ.①TU241.5

中国国家版本馆CIP数据核字（2023）第216596号

JING DIAO XI ZHUO ZANGQIANG DIAOLOU YINGZAO JIYI

精"碉"细琢——藏羌碉楼营造技艺

刘　波　蔡　威　张秋银　著

出 品 人	黄立新
策划统筹	谢　雪　董　玲
责任编辑	邓泽玲
责任校对	林　泉
版式设计	张迪茗
封面设计	魏晓舸
责任印制	祝　健
出版发行	四川人民出版社（成都三色路238号）
网　　址	http://www.scpph.com
E-mail	scrmcbs@sina.com
新浪微博	@四川人民出版社
微信公众号	四川人民出版社
发行部业务电话	（028）86361653　86361656
防盗版举报电话	（028）86361653
照　　排	四川胜翔数码印务设计有限公司
印　　刷	成都兴怡包装装潢有限公司
成品尺寸	148mm×210mm
印　　张	6.5
字　　数	108千
版　　次	2024年1月第1版
印　　次	2024年1月第1次印刷
书　　号	ISBN 978-7-220-13533-0
定　　价	68.00元

■版权所有·侵权必究
本书若出现印装质量问题，请与我社发行部联系调换
电话：（028）86361656